The Belt and Road

中国土木工程学会
中国建筑业协会　　联合策划
中国施工企业管理协会

"一带一路"上的中国建造丛书
China-built Projects along the Belt and Road

水泥智造闪耀黑海之滨

——保加利亚Devnya熟料生产线建设项目

Smart Cement Construction Shining on the Coast of the Black Sea:

Bulgaria Devnya Clinker Production Line Project

张思才　王　彬　主编

中国建筑工业出版社

专家委员会

丛书编委会

丛书编委会办公室

本书编委会

主　　编：张思才　王　彬

副 主 编：安龙敏　林　东　李振武　朱顺龙

参编人员：马召国　王　彬　王小辉　安龙敏　朱顺龙　迟大亮
李振武　李华胜　李　军　张思才　张莹莹　杨学伟
杨　楠　林　东　侃　喆　赵春雨　高　星　黄达通
康　涛

前言

《水泥智造闪耀黑海之滨——保加利亚Devnya熟料生产线建设项目》一书，主要是对中材建设有限公司保加利亚代夫尼亚水泥厂4000t/d熟料生产线建设过程的一个总结，也寄希望于与业内同行分享这个项目的成功经验，共同探讨中国公司如何在欧洲这样一个环境下完成一个高标准要求的水泥建设项目。

本套丛书由中国土木工程学会、中国建筑业协会、中国施工企业管理协会联合策划，让我们有了讲述“一带一路”保加利亚的真实故事的机会和平台，展现了“一带一路”项目给当地带来的社会效益和经济效益，在此向他们表示衷心的感谢。参与本书编写的都是参与保加利亚代夫尼亚水泥厂4000t/d熟料生产线项目的人员，他们为项目的成功做出了巨大的贡献。全书共四个篇章，主要讲述项目的背景、项目的相关信息、项目的实施情况和项目实施过程中遇到的问题以及“智慧”解决的措施等，总结了在过程中涉及的关键技术，我们尽量做到“知无不言、言无不尽”，希望能对同行业的读者有所帮助，有机会共同探讨“一带一路”建设成就，畅谈“一带一路”建设故事。

此书的编写工作得到了项目建设骨干的积极参与，同时也得到了中国建筑工业出版社的大力帮助，在此一并表示感谢。

鉴于编者水平有限，本书的编写工作中难免有疏误之处，竭诚欢迎读者批评指正。

Preface

The book " Smart Cement Construction Shining on the Coast of the Black Sea: Bulgaria Devnya Clinker Production Line Project" is a summary of the construction process of the 4000t/d clinker production line of CBMI Construction Co., Ltd.. It is also intended to share the successful experience of this project with industry colleagues and to discuss how a Chinese company can complete a cement construction project of high standard in such a European environment.

This series, led by the China Civil Engineering Society, China Construction Industry Association and China Association of Construction Enterprise Management, gives us the opportunity and platform to tell the real story of Bulgaria, showing the social benefits brought to the region by the Belt and Road project. We would like to express our sincere gratitude to them. The people involved in the preparation of this book are those who worked on the 4000t/d clinker production line at the cement plant in Devnya, Bulgaria, and they have contributed greatly to the success of the project. The book consists of four chapters, which focus on the background of the project, information about the project, the implementation of the project and the problems encountered during the implementation of the project and the "smart" solutions, etc. The key technologies involved in the process are summarised. We hope that this book will be useful to readers in the same industry and that they will have the opportunity to discuss the achievements and stories of the Belt and Road construction.

The book has been prepared with the active participation of project construction cadres and with the help of China Architecture Publishing & Media Co., Ltd., for which we would like to express our gratitude.

In view of the limited level of the editors, there are inevitable mistakes in the preparation of the book, and we sincerely welcome readers' criticism.

目 录

Contents

Part Ⅰ The General Summary

Part Ⅱ Project Construction

第一篇

综　述

中材建设有限公司（以下简称“中材建设”）隶属于世界500强央企中国建材集团旗下的上市公司——中材国际，是一家具有60年历史的国家高新技术企业、联合国全球契约组织成员企业，是中国建材行业率先实施“走出去”战略和EPC总承包模式的开拓者和领先企业，开创了业内诸多第一。

中材建设一直以来积极响应国家“一带一路”倡议，在世界40多个国家和地区承建项目达到160多个，主要分布在欧洲、环地中海、非洲、美洲和亚洲五大区域。2012年，中材建设承建的保加利亚代夫尼亚（Devnya）水泥厂新线项目（以下简称“代夫尼亚项目”）是首个由中国公司荣获的保加利亚国家级最高建筑奖项——保加利亚工业技术革新与拓展“年度最佳建筑奖”，同时荣获国内建筑建设最高奖“鲁班奖”。该项目是“一带一路”建设在欧盟国家工程建设领域的标杆性工程，该项目的成功实施全面开启了中保在“一带一路”建设中的合作。本篇介绍了代夫尼亚水泥厂项目的简况、项目所在国保加利亚的国情、项目所取得的成果以及项目的成功对于进一步推动中保合作的重要意义。

018-029

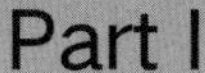

Part I

The General Summary

CBMI Construction Company Limited (hereinafter referred to as "CBMI " or the "Company") belongs to Sinoma International, a listed company of CNBM Group, which is one of the world's top 500 central enterprises.CBMI is a 60-year-old national high-tech enterprise and a member of the United Nations Global Compact, a pioneer and leader in implementing the "going out" strategy and EPC model in China's building materials industry, creating many firsts in the industry.

CBMI has been actively responding to the initiative of the Belt and Road, and has built more than 160 projects in more than 40 countries and regions around the world, mainly in the five regions of Europe, the Mediterranean Rim, Africa, America and Asia. The new line project (hereinafter referred to as the "Devnya Project" or "Project") was the first project awarded by a Chinese company with the highest national construction award in Bulgaria, which is the first Chinese company to win the highest national construction award in Bulgaria - the Bulgarian Industrial Innovation and Expansion "Best Building of the Year Award", as well as the highest domestic construction award "Luban Award". The project is a benchmark project in the field of EPC project in the EU countries, and the successful implementation of the project has initiated the cooperation between China and Bulgaria in the construction of the Belt and Road.

This article presents a brief overview of the project, the situation in Bulgaria, the results achieved and the importance of the project's success in further promoting Sino-Bulgarian cooperation.

第一章　项目简介
Chapter 1　Project Abstracts

第一节　项目介绍

保加利亚代夫尼亚水泥厂4000t/d熟料生产线项目（图1-1），是由意大利水泥集团投资、由中国建材集团旗下的中材建设有限公司（以下简称“中材建设”）总承包的日产4000t熟料生产线。该项目是中国公司在保加利亚承建的最大项目，有来自意大利、德国、法国、西班牙、匈牙利、罗马尼亚、瑞士、保加利亚和中国的121家公司参与了该项目的建设，是首次在欧盟国家采用欧盟标准及本土化管理模式的成功诠释。

该项目采用国际公开招标方式，众多国际知名承建商参与投标。中材建设作为中国第一批“走出去”的国际工业工程总承包商，在欧盟市场深耕多年，分别在法国、西班牙、意大利、匈牙利、塞浦路斯等欧盟国家承建了多条完整水泥生产线，并与世界排名前三的国际水泥生产商建立了长期战略合作关系。2012年，中材建设凭借高质量的技术和商务标书脱颖而出，击败多家实力国际竞争对手，中标该项目，为中国企业“一带一路”历程画上浓墨重彩的一笔。

该项目总投资近1.5亿欧元，是保加利亚近30年来单笔投资最大的项目。中材建设充分发挥国际EPC总承包工程的施工、管理经验，无论是项目实施规划，还是施工质量、安全管理、环保技术创新等，各方面都严格履行行业高标准和要求，最终完成了

图1-1　保加利亚代夫尼亚水泥厂4000t/d熟料生产线项目

一个优质高效的水泥熟料生产线项目的交付，该项目也成为欧洲最大的新型干法水泥生产线之一。

本项目最终获评保加利亚“2014年度最佳建筑奖”和“2016～2017年度中国建设工程鲁班奖（境外工程）”双项殊荣。该项目的成功实施，为保加利亚创造了巨大的经济效益和社会效益的同时，也成为我国央企实施“走出去”战略、成功立足欧盟国家的典范。

第二节　工程概况

保加利亚代夫尼亚水泥厂项目，位于保加利亚东部代夫尼亚（Devnya）市，距离海港城市瓦尔纳（Warna）约10km，距离黑海港口约5km，生产规模为日产4000t熟料。该项目自2012年4月2日开工，工期26个月达到商业生产条件。2016年6月15日顺利通过保加利亚国家建设控制理事会验收。

中材建设作为EPC总承包商，负责工程设计、设备供货、钢结构非标制造、运输、土建施工、机电设备安装、设备调试、性能测试、培训和试生产等工作。本项目由庞博夫咨询公司担任监理公司。

该项目共有39个单位工程，主要包括：联合储库的料仓及下料，原料输送、生料库、原料磨、窑尾、窑中、熟料汽车及火车散装，中控楼及更衣室，矿山至堆场的皮带改造及矿山设备改造等，破碎及输送至原料联合储库，石灰石输送至水泥原料堆场，煤粉输送至窑头窑尾，备用燃料的储存及输送至预热器分解炉和窑。对比同类项目，该项目工程量较大：土建开挖总量达到146890m^3，钢筋使用量达6020t，机械设备供货安装共计8986t，钢结构制作安装共计9638t，桥架架设达21000m，电缆铺设600km。

结合合同工期压力大，现场施工接口较多、困难较大的现实情况，保质保期完成该项目的交付不仅是对中材建设综合实力的挑战，也是对公司能否在欧盟国家持续性发展的考验。中材建设最终凭借精湛的工程管理水平和施工协调能力，竣工验收工程质量总体评定为优良，这是中国公司在保加利亚工业工程领域开创的先河，是历史性的成绩！中材建设不仅通过了挑战和考验，还载誉而归！

第三节　工程特点

该项目位于欧盟国家，投资商主要控股方为世界十强水泥生产商之一——意大利水泥集团。该项目位于老厂区内，现有的老厂始建于1958年，厂区内有6条湿法窑生产线。新生产线的建设是在保证老厂正常运转的情况下，在老生产线旁边新建一条日产4000t熟料线。厂区内地下地质条件复杂，老厂图纸资料因年久已缺失，项目开工后意想不到的困难和挑战不计其数。

根据工程自身的特点、难点，在公司的统筹规划下，项目管理团队与项目各参与方精诚合作，以诚信的理念、务实的作风和科学的管理，不断创新、大胆突破，从以下几个方面取得了优异的成效。

（一）工艺标准行业先进

根据投资方要求，该新线在设计、技术、装备、节能减排以及环保效果等方面均需采用行业目前最先进的干法水泥生产线工艺标准，取代厂内已运转了半个世纪的湿法窑。

1. 推广中国标准和规范

本项目采用中国标准和规范为设计与施工基础，并结合意大利水泥集团的技术要求和客户聘请的国外咨询公司意见，主要工艺过程的关键技术采用中材建设拥有的目前行业内最先进的水泥干法生产技术，核心设备采用了中国建材集团及国际上最新设计的技术装备。

2. 应用节能减排及环保技术

项目中采用了诸多节能环保的新技术，包括RDF垃圾处理技术、雨水收集处理回用技术、SNCR脱氮技术、太阳能供暖技术等。RDF垃圾处理单元采用垃圾作为燃料，在预分解系统中燃烧，既处理了垃圾，又节省了燃料，同时还降低了预热器出口氮氧化物的含量，在节能环保方面可谓一举三得；雨水收集处理系统通过收集储存和处理全厂的雨水，再进行回用，作为冷却、绿化、消防等工业用水，有效节省了水资源；SNCR脱氮系统，采用氨作为还原剂，喷入炉膛温度为 850 ~ 1100℃的区域，迅速热分解成 NH_3，与烟气中的氮氧化物反应生成氮气和水；太阳能作为清洁的能源，被用于水泥厂员工办公室工作区和休息区的制热取暖，大大降低了用电成本。

（二）图纸审核程序规范

在工期压力大的情况下，作为总承包商，中材建设深知设计是龙头，好的设计是项目成功的关键因素之一，严格按照欧盟标准把控图纸质量，规范图纸审核程序，设计出图后内部先进行自审，通过客户咨询方进行三轮审批后，由保加利亚有资质的第三方工程师审核、完成当地转化，最终由保加利亚政府终审通过。完成一份图纸的评审周期将近两个半月。

完成以上图纸审核程序才具备施工条件。而在实际施工过程中，会出现现有方案与地下设施冲突的情况，一旦有冲突要全部启动重新设计，有时需要经过多次才能确定最佳方案。即便如此，中材建设始终以高标准的设计理念和科学的设计规划，严格执行图纸审核程序，在与客户咨询工程师精诚合作下，按时、保质完成图纸审批。

（三）本土化施工管理卓见成效

中国的水泥工业施工技术已经十分成熟，尤其是对有着丰富国际EPC总包工程施工管理经验的中材建设来说，满足客户技术方面的要求不存在压力。但由于项目本身位于欧盟国家，中国劳务派遣受到工作签证配额的限制，按照保加利亚保护本国公民就业的劳工政策要求，需要严格按照1：10的比例控制中国人员的数量。在不能按照传统施工模式采用中国分包队伍施工的情况下，如何高效地整合保加利亚及周边国家如土耳其、罗马尼亚和匈牙利等的资源是执行项目过程中遇到的最大挑战。正因为挑战也使得中材建设精进了本土化施工管理能力，为今后的项目全方位铺开本土化管理打下了坚实的基础。

（四）本土化采购初步尝试

按照合同要求，钢结构要采用欧标型钢，国内市场难以找到合适的欧标型钢，为此大部分钢结构只能在当地分交制作，从而使得本土化采购在本项目得以试行。通过严格控制当地分包商制作质量以及工期，缓解了前期预期产生的合同工期压力。

（五）克服压力提前交付

合同工期26个月，从项目开工至熟料线生产稳定且产量达到70%，这个工期相对于传统意义上“点火”即竣工的概念要严苛很多，加上保加利亚冬季寒冷，每年中有3个月时间最低温度会达到−10℃，无法正常施工，而且工期计划主体工程土建施工均在冬季，这为本就紧张的工期带来莫大的挑战。中材建设在施工过程中合理规划，最终克服了工期压力，并实现提前合同工期15天交付工程。

第二章　国家概况

Chapter 2　Country Profiles

第一节　地理区位及气候

（一）地理区位

保加利亚共和国，简称保加利亚，位于欧洲巴尔干半岛东南部，与罗马尼亚、塞尔维亚、北马其顿、希腊和土耳其接壤，东濒黑海，面积111001.9km²，海岸线长378km，平均海拔470m，是进入欧洲市场的门户。保加利亚属于东二时区，比北京时间晚6h，从3月的最后一个周日到10月的最后一周六实行夏令时，时钟调快1h，期间与北京时差为5h。

（二）气候

保加利亚属温带大陆性气候，东部受黑海的影响，南部受地中海的影响而有地中海气候。1月气温在-1~6℃之间，部分地区能够达到-10℃，7月在18~27℃之间（图2-1），年平均降雨量450~600mm。

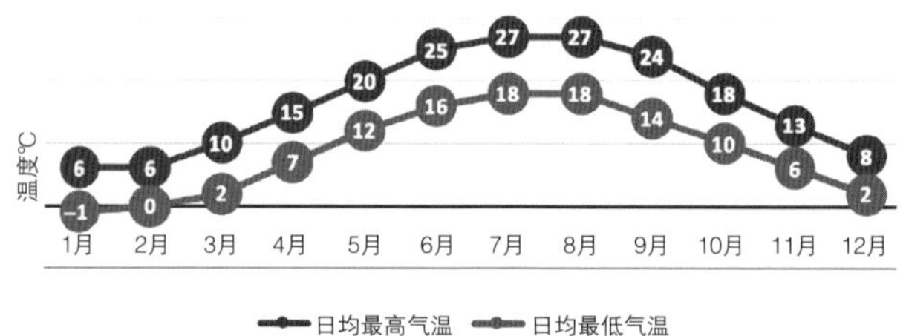

图2-1　全年温度曲线图

第二节　经济环境

（一）海港城市

海港城市瓦尔纳，位于黑海西岸，靠近多瑙河出海口和博斯普鲁斯海峡，地理位置重要，是连接欧亚的纽带，承担着全国50%以上的海上贸易，与欧洲、中亚以及非洲都有直达货运航线。瓦尔纳拥有保加利亚第二大机场，与世界上35个国家的101个城市有定期及包机航线。瓦尔纳市在保加利亚的经济中占有重要地位，是保加利亚的科技文化中心、工业中心。

（二）交通运输

保加利亚公路、铁路、港口、机场等大部分基础设施建于20世纪60~80年代，由于近年投资不足，普遍存在老化、失修、设备陈旧的现象，这在一定程度上制约了保加利亚的经济发展。保加利亚公路网络与周边的罗马尼亚、希腊、土耳其、北马其顿、塞尔维亚等国互通。

（三）货币金融

保加利亚法定货币名称为列弗（BGN），列弗与欧元采用固定汇率，1欧元约等于1.95583列弗，列弗为可自由兑换货币。人民币在少数外汇兑换点可与当地货币直接兑换。

（四）工业情况

保加利亚工业基础较好，以机械制造（运输起重机械、电器、发动机、金属切削、农业机械等）、化工、冶金、造船、炼油、食品加工为主。当地磷、黏土、石灰石、高岭土等矿产资源丰富，为本国发展化工业创造了良好的基础。

（五）人力资源情况

保加利亚人口下降和老龄化过程仍在继续，劳动成本相对较低，是欧盟成员中劳动成本最低的国家。保加利亚严格控制劳务输入，劳务大多来自土耳其、北马其顿、摩尔多瓦、塞尔维亚和越南等国，并主要从事建筑和服务行业。

（六）建设工程相关制度

保加利亚工程的招标程序为发布招标公告、购买标书、投标、评标。政府和国企招标须按照该国《政府采购法》实施，私营企业招标无相关法律规定。此外，如果项目金额超过欧盟规定的门槛，项目总承包商必须将合同金额的30%以上进行分包，且这一比例不得超过70%。

进入保加利亚的产品，必须有CE标志，它是确保产品符合相关技术法规基本要求（安全、健康、环保）的标志，是欧盟市场的准入标志，也是制造商对生产的产品符合法规的自我声明和自我保证。

第三章　项目意义

Chapter 3　The Significance of the Project

第一节　项目背景及必要性

近年来，保加利亚经济稳定快速增长，推动了基础设施建设领域强烈的升级需求，对基础建设的投资推动了水泥消费的增长，未来的水泥需求仍十分强劲，水泥价格呈现上涨势头。

1998年，意大利水泥集团全资控股了保加利亚当地最大的水泥生产商——代夫尼亚水泥厂，随后开始扩建和升级改造之路。代夫尼亚水泥经营着2座水泥厂，其中产能较大的一座水泥厂位于距黑海岸瓦尔纳港口5km处，该厂原有6条老型湿法水泥窑生产线，其年产能为200万t。基于市场需求的稳定增长，意大利水泥集团于2012年计划对该厂生产能力进行升级改造，采用新型干法烧成技术在厂区内规划一条日产4000t熟料生产线（图3-1），由此生产能力可提高约20%，在当地水泥市场份额超过40%，进一步稳固其在保加利亚水泥市场的领军地位。

第二节　项目亮点

中材建设凭借高质量的标书，击败众多实力强劲的国际工程承包商，脱颖而出，中标该项目。2012年3月，意大利水泥集团代表与中材建设代表在意大利水泥集团总部贝加莫签署协议。当地政府要员参与该项目的奠基仪式。

本项目大力推广国产设备。其中，输送设备、收尘设备国产化率达到100%，其他辅助设备国产化率约占92%，主机设备的国产化率约为75%。项目点火试运行以来，国产设备运行稳定，生产能力达到4400t/d，超过了设计能力4000t/d的10%。这充分地证明了在工业建筑行业国产设备同样可以与欧洲设备媲美，中国制造亦可接轨欧盟标准。

本项目重点关注节能环保。项目投产以后，根据项目客户提供的运行数据分析计算得出，新生产线建成后，每年节电1560万kWh，每年SO_x排放减少161t，NO_x排放减少1243t，粉尘排放减少177t。中材建设以实力证明该生产线各项节能减排环保指标均达到了欧盟标准。

本项目科学部署提前竣工。该工程圆满履约，在施工进度和质量方面得到客户方的充分肯定。在合同工期压力大的情况下，项目团队精诚配合、科学部署，最终实现了提前合同工期20天一次性点火投料成功，并顺利达标达产。

图3-1　保加利亚代夫尼亚水泥厂4000t/d熟料生产线远眺

该项目在当地产生了重大的政治、经济和外交影响。2015年2月4日，保加利亚时任总统罗森·普列夫涅利耶夫在项目现场参观时亲自为项目颁发“2014年最佳投资奖”（图3-2），并指出该项目拥有全套技术含量极高的设备，不仅提高能源的使用效率，优化资源管理，也有利于环境的保护。

图3-2　保加利亚时任总统（左）为代夫尼亚水泥厂总经理颁发最佳投资奖

2015年5月29日，在项目竣工典礼上，保加利亚时任总理博伊科·鲍里索夫为项目正式运营剪彩，并对中材建设在项目建设过程中带动当地就业、促进当地经济发展表示肯定和感谢。在“2014年保加利亚国家建筑大奖”颁奖仪式上，项目投资方总经理施密特接受新华社记者采访时说，“中材建设不但在建筑质量方面让投资方非常满意，而且在管理和沟通方面做得也很出色”。

第三节　项目意义

“一带一路”建设正把中国与世界更紧密地联系在一起。与中国有着传统友好合作关系的保加利亚，是“一带一路”建设积极参与方，“一带一路”建设正在保加利亚落地生根、深耕细作、持久发展。保加利亚凭借自身地理位置、丰富的资源，与中国在经贸、文化、旅游等多个领域加强交流和合作，双方贸易和投资较以往显著提高，直接带动了当地的经济发展。

代夫尼亚项目是“一带一路”建设中中保合作的一个重要工程，是中国公司在保加利亚承包的最大项目。该项目解决了当地4000多个就业岗位，深受当地民众欢迎

（图3-3）。该项目还获得了保加利亚工业技术革新与拓展“年度最佳建筑奖”，也是该奖项设立13年来，首次有中国公司获此殊荣。

代夫尼亚项目在“一带一路”建设中唱响了“中国声音”。中国设计标准和规范在项目中得以推广。在水泥建筑行业，国际市场上发达国家企业通过标准规范的输出和本地化，基本上占据了海外市场项目设计的主导地位，我国企业即使拿到了EPC项目，很大一部分也没有设计主导权。该项目采用中国设计标准为基础，通过转化为国际认可的标准和规范，推动中国标准和规范的本土化发展。中国制造在项目上大放异彩，设备国产化率占比较高，满足性能指标且运转良好，这也是中国公司在对外工程承包中提升国际竞争力和实现自身价值的体现，是中国水泥装备“走出去”的一次成功尝试。

代夫尼亚项目在“一带一路”建设中实现了“共赢共享”。项目的本土化管理，不但为当地社会创造了许多就业机会，为当地民众提供了培训和就业机会，提升了当地技术水平和可持续发展能力，做到既“授人以鱼”，又“授人以渔”，推动了当地经济的发展，而且树立了中国公司在保加利亚良好的品牌形象，宣传了“国之大者”的企业形象。

图3-3　回转窑点火投料运行仪式后中保双方合影

第二篇

项目建设

随着“一带一路”建设的不断深化，中国施工企业在海外的市场份额越来越大。中材建设是中国第一批“走出去”的施工企业之一，积累了丰富的海外EPC总承包经验，已形成一套相对“传统”的项目管理模式，但针对地处欧盟的保加利亚代夫尼亚总包项目，其总投资近1.5亿欧元，是保加利亚近30年来单笔投资最大的项目，项目的实施过程必然受到社会关注，涉及不同专业、不同国家参与方和分供应商，“传统”的管理模式存在诸多弊端，所以在项目建设过程中中材建设需要不断探索并调整更适合项目特点的管理模式。

本篇从项目建设概况、施工部署、主要管理措施等方面进行详细的阐述。

With the deepening of the Belt and Road construction, the market share of Chinese construction enterprises in overseas is growing gradually. CBMI Construction Co., Ltd. is one of the first Chinese construction enterprises to “go abroad” and has accumulated rich overseas EPC construction experience, which has formed its own “traditional” project management model. Considering the specialities of the project, implementation process of the project is inevitably concerned by the society, involving different professions, participants and sub-suppliers from different countries, therefore, many drawbacks in the “traditional” management model are shown, so CBMI needs to continuously explore and adjust a management model more suitable for the project characteristics.

This article will elaborate on the project construction overview, construction deployment and the main management measures, etc.

Part II

Project Construction

第四章　项目概况
Chapter 4　Project Briefing

第一节　项目建设组织模式

（一）设计管理

代夫尼亚项目作为欧洲客户、欧洲设计、欧洲审核的纯欧洲项目，在设计过程中还要结合老厂接口等，其中部分设备客户指定设计公司，设计需要当地有资质的设计公司完成转化等，使得该项目存在诸多不同于“传统”项目的特点。作为工程总承包商，中材建设的设计管理主要任务就是要协调客户、指定设计公司、当地有资质的设计公司以及其他设计分包公司等各方的关系，完成工厂整体设计和审批工作，并付诸实施。因此，工厂设计统筹规划、提前布局，实现各专业协同统一，成为项目设计操作的重中之重。

1. 设计图纸审核流程（图4-1）

当地图纸审核的流程：

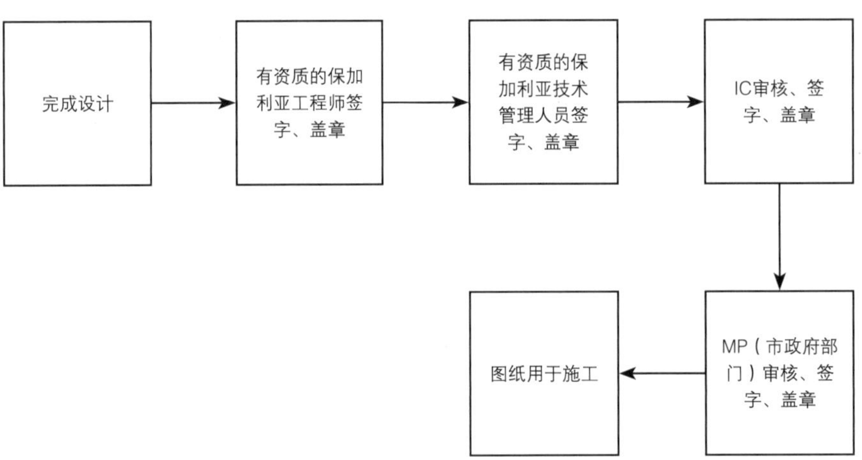

图4-1　设计图纸审核流程

2. 设计过程主要难点分析

除了设计图纸审核程序复杂外，设计参与方多、各自需求不一致，且沟通机制不畅通；另该项目属于老厂改造，施工场地有限，且老厂原有图纸年久不复存在，整个设计过程存在诸多难点：

（1）设计标准不一致

项目设计需要满足客户要求标准、欧洲标准，同时要满足保加利亚当地标准，为保证设计质量，需要统筹考虑标准的统一性。

（2）设计需求不一致

设计过程中参与方有各自的需求。客户需求即在满足合同要求设计规范的基础上提高标准和产能；指定设计公司需求相对中立，但由于是客户指定，所以在商务谈判和技术优化沟通中就相对强势，协调困难；在施工过程中，保加利亚当地设计单位需要安排驻场施工监理，要求高、标准严，任何变更都需要重新审批，完善设计变更手续后，现场才能施工；中材建设作为总承包商则希望在满足合同和当地标准的基础上达到设计最优化，在实现项目可靠、安全的前提下保证经济性。

（3）老厂改造带来诸多设计障碍

1）设计过程中需多方考虑已有建筑物，尤其是地下已有管网，以及如何利用已有输送廊道等因素。设计前期中材建设设计团队曾多次前往现场考察、测量，结合上游专业需求考虑对已有建筑的影响，避免后期设计的结构无法满足。

2）部分建筑物采用了桩基础，因与已有建筑距离太近，需同时联系各方商定是否具备打桩条件，避免设计完成后现场无法施工，无法完成载荷试验。在设计中，桩基布置方案对旧建筑影响颇深。

3）部分旧建筑物需保留，需在目前设计规范与标准的要求下，考虑建筑物的加固设计。在设计过程中，因缺乏旧建筑物的相关资料，需现场开挖探明情况后，根据实际情况对设计方案进行调整，而且要经历不断设计、不断验证、不断调整的过程。

4）现场施工场地狭小，在设计中，需考虑现场施工、安装设备的场地及塔式起重机基础的影响，部分车间出现要等塔式起重机拆除后才能继续施工的情况。

3. 优化设计组织体系

参与设计各方需求各不相同，国内外图纸规范存在较大差异，以及审批环节多，沟通不畅等，导致前期设计过程中反复修改。为避免工期延误，中材建设派出各专业代表常驻现场，在历时数月的沟通磨合后，公司代表与客户及其他设计团队代表共同分析设计障碍因素，梳理并优化设计工程量，制定设计进度表以及障碍解决措施，统筹分工优化组织体系：

（1）工艺专业

与工业流程相关，处于专业龙头的工艺设计由中材建设设计团队完成。

（2）土建专业

根据要求，土建专业的所有图纸须由当地有资质的设计公司工程师完成确认并盖章。经全盘考虑，首选当地一家专业齐全的设计公司作为沟通交流、设计转化的桥梁，成功解决该项目多专业、横跨不同技术背景下的统一风格的设计图纸确认问题。

（3）电气专业

事前审时度势，深度分析工厂中该专业的设计特点。除受保加利亚法规制约影响较大的总降委托当地设计公司完成外，其余图纸由中材建设自行完成设计，并由当地设计公司转化与确认。

（4）公用专业

除需保加利亚当地政府机构验收的消防设计，由当地设计公司完成外，其余部分由中材建设自行完成设计，并由当地设计公司转化与确认。

这种组织合作模式既能在设计、审核、交流、转化、确认进程中发挥最大时效和质效，又能加强总承包商对各专业的设计管控能力，完美完成一次跨国间的设计沟通和协同的同时，成功推出“中国设计”。

4. 设计分包规划

根据设计要求及特点，首先划分需要分包的子项内容，然后结合子项特点及所考察设计公司的专业能力、设计资源和专长等，综合考量是由保加利亚当地分包还是采用欧洲其他国家分包。最终通过综合比较，选择以下公司（表4-1）进行设计分包。

同时，为了使欧洲标准与保加利亚标准相结合，利于当地图纸审核、签字及盖章，避免技术的交流脱节及责任不清，由保加利亚国外设计公司自己寻找当地公司进行设计审核和审批。

（1）分包规划

图纸设计分包计划　　表4-1

序号	分包设计单位	所在国	设计子项	分包考虑因素
1	EQE	保加利亚	原料配料站； 输送； 熟料输送及熟料仓； 地下热风管道； 雨水池； 更衣室； 行政楼	a. 部分设计受旧建筑物的影响，需要多次到现场考察确定最终方案； b. 受地下管网的影响，需要根据开挖后的实际情况在现场调整设计； c. 该设计公司对工业建筑设计有一定的经验，并且具备图纸转化能力，设计人员专业能力满足设计要求

序号	分包设计单位	所在国	设计子项	分包考虑因素
2	AVT	保加利亚	矿山输送改造； 风机； 煤粉输送； 原料输送	a. 设计对旧建筑物进行加固与改造，需要多次考察现场； b. 设计资源满足设计工期要求，而 EQE 资源不充足； c. 设计费用比 EQE 低
3	Peter&Lochner	德国	生料库	水泥行业的专业设计公司，专业能力强，资源满足设计要求
4	CEAS	意大利	原料磨车间	a. 具有设计原料磨基础和原料磨车间经验； b. 原料磨系统工艺布置复杂，其能在意大利及时与客户交流工艺布置及土建的协调设计； c. 设计资源满足要求
5	BAKKEN	西班牙	预热器； 窑中； 窑头	a. 此 3 个车间为全新车间，不需要进行现场考察； b. 3 个车间一起设计，能考虑基础及上部结构的相互连接及影响

（2）设计分包管理

为提高协调效率和质量，技术澄清会议采用面对面交流的方式。中材建设多次组织意大利水泥工程师（结构和工艺）到BAKKEN公司、EQE公司进行技术交流，加快图纸审核进程；组织CEAS意大利设计公司直接到客户办公室进行交流与图纸审核；在施工阶段，为了便于随时解答客户疑问，公司各专业负责人驻场进行设计管理，协调图纸审核、图纸疑问解答、图纸澄清等问题，提高了工作效率。尤其是对于比较复杂的方案，如涉及旧建筑物改造、加固方案等，公司组织多方的工艺、结构人员在现场共同讨论，最终确定合理的方案。

5. 设计沟通与协调

作为EPC项目，设计是项目成本、质量、进度、环保等控制因素的决定性基础环节，设计管理往往承担着整个项目设计的各项管理工作，需要与客户、当地图纸审核机构、设计分包商、施工现场等进行多方面的沟通与协调。

（1）与客户的沟通

按照设计流程，结构设计需要满足工艺、电气及其他专业的要求，需要与其他专业图纸相符合。在与客户沟通中，结构设计参与其他专业的设计方案讨论，一同与客户沟通，确定合适的整体方案。

此项目为扩建项目，为了避免新设计结构与老厂的建筑、地下结构和管网冲突，公司与客户沟通后，多渠道获取地下结构信息，充分考虑设计方案的可行性。

为了满足设计质量和设计进度的要求，对于图纸批准工作，公司定期与客户举行图纸审核会议，及时了解客户的需求，根据客户的图纸审核意见进行澄清和图纸修改工作，并最终获得图纸的审批。

（2）与当地审图机构的沟通与协调

根据当地相关法律法规要求，在图纸发布用于正式施工前，所有设计图纸需要由保加利亚当地有资质的审图机构签字盖章后递交当地政府机构再次审核批准。为此，此项目安排有经验的工程师长期驻场，与当地审图机构进行沟通。根据项目整体施工规划与施工计划，有计划、有组织地分批与当地审图机构进行技术交流，定期澄清图纸审核意见。

（3）与各设计分包商的沟通与协调

项目设计由意大利设计公司（与客户在同一地区）、德国设计公司、西班牙设计公司、保加利亚当地设计公司、中国设计公司等7家设计公司组成。各设计公司设计的车间与子项有着各自明显的特点，设计沟通与协调需要结合车间特点及结构设计特点有计划地进行。

根据设计图纸的进展情况，提前做好设计技术交流与协调规划，同时根据规划，定期组织多方交流会议，确定最优设计方案，并深入沟通设计细节及要求。为了提高图纸审核效率，必要时邀请客户到各设计分包公司（德国、西班牙、保加利亚）参加技术交流会议。

（4）与施工现场的沟通与协调

此项目为老厂改造扩建项目，地下情况复杂，部分已有地下结构及地下管网的文件信息已缺失，这给确定合理的设计方案带来很大难度。为此，公司安排有经验的工程师长期驻场，一方面推动当地图纸审核，组织技术交流会议；另一方面加强对现场地下结构的实时测绘，了解第一手的信息资料，并提出初步建议方案。

6. 设计质量改进与保证措施

设计是EPC项目的龙头，设计质量是关乎项目成败的关键。在项目整体管理上，设计质量可以作为核心管理，从而提高EPC项目管理的水平。

（1）设计质量控制目标

管理等级：公司技术中心重点设计管理项目。

质量目标：设计质量优秀，让客户满意。

质量标准：满足当地法律法规要求、客户技术规范要求与EPC各个环节的质量标准和要求。

质量控制：按照客户要求的质量控制文件和公司质量管理流程进行控制。

保证措施：加强此项目设计组的全面管理，将对各设计分包的设计质量管理纳入统一的质量管理中。

（2）设计质量保证措施

1）成立小组

由各专业代表组成设计质量控制小组，从设计方案到施工图设计文件交付，严格按照ISO9001国际质量标准体系的YADI（质量保证手册）实施运行管理，从管理流程上强化设计质量。质量控制小组活动包括：

①有计划地组织对客户技术规范、当地设计规范进行学习，并与客户、当地审图机构进行技术交流，加强对相关规范的深度理解与学习。

②有计划地组织对设计输入和输出的评审，实行全过程的设计控制，确保设计输出满足规定的要求。

③确定图纸审核批准流程，严格按照流程控制各个设计阶段的质量控制工作，确保设计图纸在交付施工前满足相关的技术要求。

④小组内设置信息管理员，负责接收、整理、存档、发送各种信息，确保工程信息能够传达到每一个设计人员，并在设计中加以考虑。

2）制定严格程序

为保证设计质量，制定严格的设计—校对—审核—审定程序。

设计者完成设计任务后，由各专业负责人安排校对。校对过程中，校对者应填写校对记录单交给设计者，设计者应按照校对记录单上的记录逐项修正，并书面确认每一条记录都已加以考虑且已按要求完成修正。

校对者重新校对并核实无误后，签字提交审核。审核过程中，审核人应填写审核记录单，并由设计人签字，以保证设计者、审核者双方能充分理解对方意图。设计者在修正完成审核意见后，应在相应条目做标记以示完成此条目的修正工作。

审核者重新审核并核实无误后，签字提交审定。各专业应指定审定人员，只有指定的审定人员才有权限审定图纸。审定过程中，审定者应填写审定意见记录单，并由设计者签字，以保证设计者、审定者双方能充分理解对方意图。设计者在修正完成审定意见后，应在相应条目做标记以示完成此条目的修正工作。

审定无误后，审定者签字的电子版本文件和打印版本文件都交给部门信息管理员归档。

3）制定统一风格

为保持工程设计风格的一致性，在施工图设计前，制定统一技术措施，包括结构形式、局部处理、图纸风格等。例如，皮带廊道的设计，首先确定廊道的结构形式，不同的设计者设计的廊道形式都是一致的，这为制造、施工和管理都提供了极大的方便，节省了时间，改善了工厂的外观效果。又如，对于电气部分，对不同类设备的接口做出规定，在采购设备时，各类设备的电气接口是一致的，这为维护检修带来极大方便。

统一技术措施，方便了工程管理，使设计尽量成为一种模块化和程式化的工作，既可保证设计质量，又可减少设计周期，方便工程操作。

（二）供货管理

1. 钢结构和非标供货本土化背景

钢结构具有轻质高强、抗震性能优越、易于工业化生产的优点，作为具有典型工业化、产业化特征的绿色节能建筑结构，在房建、桥梁、军工、能源、石化等领域广泛应用，代夫尼亚水泥厂项目的建筑大量采用了钢结构设计，据统计，共使用了各种钢结构9638t。水泥厂建设还含有大量的非标设备，如旋风筒、烟囱、风管、料仓等，此类设备容重比较大，如果在国内制作发运，会产生巨额物流费用。

针对这个问题，项目部在保加利亚当地及周边国家如罗马尼亚、匈牙利等进行了详细的调研，对钢结构及非标设备的制作资源进行了考察（图4-2），经过调研和考察，筛选出了符合项目要求的制作厂家。

2. 钢结构和非标供货本土化管理

（1）设计

钢结构设计成熟，图纸直接发给设计公司，进行图纸转换和生产，保证标准化理念贯穿于整个设计过程；供货商就构件常用截面形式、尺寸和长度等进行协调统一，推进构件标准化，进而提高效率，降低单价。

（2）采购

供货商按单价签订框架合同，通过下发订单的形式，根据供货商制作情况给其下订单，形成有效的竞争机制。

（3）包装

项目部将能进行合包的设备打包给同一供货商，要求供货商在进行不同设备之间的合包，以及同种设备不同部件之间的合包时，必须严格保证货物在长时间、远距离的海运、多次装卸、内陆运输等过程中的安全，不允许出现货物位移、窜动。合包之后，每件货物的装箱单上要明确标明被合包的货物名称、重量等信息。

图4-2　欧盟供货非标件

（4）发运

鉴于钢结构和非标设备量大且容重较大的情况，项目部决定对钢结构采用栓接形式，非标设备合理解体，从而减小发运体积，大幅降低容重比，节省物流费用。

（三）施工管理

本土化施工管理（图4-3）是代夫尼亚水泥厂项目的一大管理亮点，其解决了劳工签证难办、人员调拨不灵活的困难，极大地推进了项目的进度，并降低了成本。

1. 采用本土化施工的必要性

（1）保加利亚政府对外方和当地劳务配比的政策要求

鉴于保加利亚国内的经济形势和就业形势，当地政府对海外或合资公司的当地员工聘用配比要求逐步严苛，施工期间执行的是1：10的配比，即1名海外员工需要聘用10名当地员工。

（2）降低成本的需求

一个总包工程（EPC项目）拆分出施工部分（C部分）实施本土化施工的根本原因是降低成本，充分利用当地的资源优势，当地聘用雇员可以大大节省工资和海外补贴的支出，如聘用当地合格的电焊工人，可以降低40%左右的成本。

（3）保证工程进度的需要

当地管理者、分包商的人员调配时间点及机动性相比国内分包商有很大优势，节省了与当地政府、移民局、劳工部的协调沟通，避免了签证办理进度的不确定性使国内

图4-3　地勘

人员的调配与施工进度的配合难以较好衔接的麻烦，保证了项目的进度和工期。

（4）积极融入当地社交圈的需要

海外公司初到保加利亚，由于语言、文化、礼仪等方面的差异，加上与项目周边居民及项目实施有关部门人员沟通等存在障碍，如借助当地员工去沟通就会简单很多，提高办事效率，还能增强与当地社交圈的融入度，同时为当地部分居民解决就业问题，可获得当地政府支持及周边居民的好感。

2. 本土化施工管理的难点

真正实践中，本土化施工管理还是存在挑战和困难。主要表现在：一是当地劳工资源环境相对落后，普通劳动力受教育程度不高，较难找到符合相关专业要求且具备施工技能的劳动力；二是公司虽然“走出去”得较早，但习惯于传统的施工模式，针对性的本土化管理制度尚不健全；三是中方管理人员的语言能力欠缺，与当地劳工交流存在障碍；四是普通的管理人员对当地的法律，尤其是相关劳工法了解得不够全面，存在一定的盲区。

3. 本土化施工管理

为了解决上述矛盾，项目部管理人员积极尝试和探索，通过制定和完善招聘和管理制度、开展语言和劳工业务培训等措施，使大部分中方管理人员短期内克服了文化、语言、生活习惯等困难，与当地员工配合默契，同时提高了当地员工的归属感和忠诚度，从而对工程的安全、质量、进度及资金使用等都进行了有效的控制。具体尝试如下：

（1）管理人员本土化

该项目工作量大、涉及面广，项目部原本配备的23名中方管理人员对项目整体管控难度较大，同时存在的文化和语言差异对管理造成一定的阻碍，管理效率较低。项目部经过不断的尝试与摸索，大胆采用部分管理人员本土化，招聘有管理经验并会讲英语的当地人，或求知欲强、工作态度积极、工作热情高的毕业大学生。通过当地人管理当地人的思路，避免了因人员和文化混合给工作效率带来负面影响。据统计，项目实施过程中，共有121家保加利亚企业和4500多名保加利亚人参与了项目建设，中国人与当地人的比例达到1：20，仅项目部47名管理人员中，就有24名是当地人，充分发挥了当地人的语言优势及熟悉当地资源的特点。

（2）人员培训

为了便于当地管理人员和工程师尽快适应项目管理需求，需对聘用人员进行岗前、岗中培训。岗前培训着重于让员工熟悉公司文化，了解公司运营模式和项目情况，尽快融入工作氛围中。岗中培训侧重于工作内容的学习，了解具体工作方法并使其尽快胜任工作岗位。如针对工程师的培训，首先学习公司内部的作业指导以及方案，逐步安排非质量进度付款方面的任务，随后循序渐进地安排施工任务并做施工记录，每天汇总后用于考核，针对其有缺漏的地方，安排中方人员逐一进行技术指导。

（3）分包本土化管理

代夫尼亚水泥厂项目是中材建设海外项目中本土化率较高的项目，主要体现在分包商方面，除机械主机部分由中国人员完成外，土建全部本土化分包，公用、筑炉保温等工程全部本土化。分包商的本土化管理相对来说更具有挑战性，总结下来有以下措施。

施工准备：合理地进行标段的划分，适当多引入几家分包商同台竞争，互为补充。从业绩水平、公司规模、人力及机械配置、安全管控、分包人员素质水平及服从管理水平等诸多方面审核，完成对分包商的考察及确定。

合同签署：合同签订遵循菲迪克（FIDIC）合同条件和指南，并把与客户相关的技术条款整体纳入分包商合同，完成“背对背”的保障，并在施工中严格执行。

施工阶段：注意工程变更，减小变更对成本的影响，对分解的成本计划进行落实。严格控制付款节点，工机具、人员入场、过程付款等设置支付节点，同时根据每周每月的签字版进度计划，严格控制分包商的进度，减小分包风险。

设立奖惩制度：鼓励各个分区之间展开竞争，着力推进进度。每一个主管独立负责一个施工分区，每一个分区的子项、车间按照进度计划表，确定奖惩时间节点，项目部主管、分包商管理人员共同享有受奖励的权利，根据最终工程结算结果，评选优秀的分包商及优秀员工，给予表彰和颁发奖状等，有效激发当地分包商的工作热情。

（4）施工机具本土化

欧盟的施工机具都要求有CE认证，从国内发运或者调拨机具准入情况不明晰，入关、入场以及准用都可能存在问题。且施工机具属于临时进口，施工完毕后需要及时撤离现场，调拨的运费也是很大一笔成本。

项目部在实施前期做了充足的市场调查，鉴于欧洲的施工机具市场较为规范，且能找到足够的施工机具，租赁价格合适，因此现场大部分的施工机具采用租赁的方式，租用一些本地的施工机械完成现场施工。在租赁设备时，要求各种重型机械必须由技术熟练的机械操作工和指挥人员持证上岗，并派专门的管理人员对这些机械进行严格的管理，确保施工事故率为零。

施工机具实施本土化管理，在一定程度上减少了资源投入。租用本地机械也节省了高额的人工费、机械费、海运费与管理费。

4.施工管理小结

代夫尼亚项目本土化施工管理的成功经验表明，中国公司在进入一个全新的海外工程市场所面临的最大挑战是文化、环境的差异，及由此而引起的一系列管理问题。解决施工本土化最主要的是施工资源的本土化，包括人力、材料、技术、机具等，同时自己也要不断了解工程所在国的文化，把本土化文化差异减少到最小，把自己本土化。另外，要积极沟通，因为很多事情需要各方关系的分工协作，只有达成一致想法，都朝一个方向努力，达成共识，才能实现效益最大化，创造一种和谐的工作气氛，在这种环境下把工作做好，既完成了工作又结交了合作伙伴，实现双方共赢（图4-4）。

图4-4　中国员工和当地员工与客户合影

（四）老厂改造施工管理

除原料磨至熟料堆场是全新熟料线外，合同范围还包括矿山以及联合储库设备增加、改造。老厂始建于1958年，目前有6条湿法窑在运转生产，合同要求进行老厂改造的同时不影响老厂的生产。由于改造和生产同时进行，施工场地十分狭小；而且6条老线的技术资料不完整，老线和新线接口时需要考虑的因素很多，又缺少完整的地质资料，施工工期紧、工序交叉多，施工面临很多困难。

项目部在施工前重点分析老厂管道改造和老厂设备改造这两部分。

1. 老厂管道改造

（1）施工难点

新线区域内有尚在运行的地下污水和雨水管线，要在新线区域进行施工就必须对老线的污水、雨水管道进行改造。由于老线地面标高不断抬高，使得老线的管道埋设深度达到10m，无法和现有的新线管道相连接，必须采用提升的方式使得新老管线中的污水和雨水顺利排出。同时原有污水和雨水管线的改造要不影响目前污水、雨水的排放，施工场地有限，无法采用放坡的方式开挖；厚砂性土渗透系数高，有地下渗水，原始数据不足，基坑深，作业面窄等都是工程的施工难点。

（2）管道改造的实施

项目部经过仔细分析和研究后，决定采用带钢板桩的深基坑开挖方式，围护采用连续两档钢板桩加固，基坑面积约2.5m×2.5m，深度约10.5m。施工包括管线定位，基坑围护、挖土、降水，管道连接，调试等。

（3）管线定位

根据实际情况，雨水和污水管线有重合和交叉，雨水管线在污水管线上方，考虑到污水、雨水的上下游必有检查井，因此采用直线法，通过上下游检查井确定管道的走向，用工程测量的方法将特征点的数据测定出来，采用经纬仪布设测量，然后对管线特征点定位，选取准确的管线截断位置进行开挖。

（4）基坑开挖施工

先根据初步勘察的管线对施工区域进行划线，破除路面混凝土，开挖出工作面后向下挖出1m的深度，打下钢板桩，采用抓斗逐步向下开挖，挖到厚砂层后放入带锤头的小挖掘机辅助开挖，快到设计标高时，采用人工开挖的方式（图4-5），把现有雨水管线挖出，同时对雨水管线进行更换和加固，继续向下开挖，把污水管线挖出。根据开挖情况，发现雨水管线在上，污水管线在下，呈小夹角交叉，把污水管线全部挖出。在上游污水井将出水管口用充气胶囊进行封堵，安排一辆污水车进行抽水，保障下游提升泵站的施工。待管线露出砂土后对原有的陶土管线进行拆除和更换，并加固处理，保证现有管道的正常工作，继续开挖至设计标高，开挖出提升泵站的位置及积水坑的位置，放入潜水泵进行基坑排水。

（5）泵站安装调试

保障潜水泵的正常运行，在提升泵站的位置打下垫层（图4–6），待垫层达到要求后，使预制的提升泵站基础放入基坑进行找平，往上继续安装预制井圈，直至达雨水管标高，对污水提升泵站进行碎石和混凝土回填（图4–7），待混凝土凝固以后，对混凝土进行支模，现浇加固层和雨水提升泵站基础，待完成浇筑后，逐级向上安装污水

图4–5　基坑开挖

图4–6　提升泵站安装

图4–7　提升泵站回填

和雨水提升井的预制井圈，分层压实回填，根据回填情况逐步抽出钢板桩，直到回填至设计标高。

提升泵及附属设备安装并固定，安装完成后进场测试，测试完成后割除加固的污水和雨水管线，恢复通水，观察泵站运行情况，完成提升泵站的安装工作。

2. 老厂设备改造

（1）施工难点

由于生产线需要利用老厂的矿山，新线生产能力提升，而老厂的输送设备不满足新生产线的需要，需要对其进行升级改造和扩建，新建的输送设备需要通过现有的老厂，把原料输送至原有的储库，故需对原有储库进行扩建和加固，且不影响老厂现有的建筑。

基础的施工和设备的吊装成为施工重点和难点。经于老厂的输送设备基础较多，而且紧邻老厂现有建筑基础，因此新基础的施工要求很高，钢结构及设备的组对和吊装需要有足够大的场地，输送廊道钢结构跨度大，如何合理地布置施工场地和规划吊装方案是重点。

（2）解决措施

经过研究和计算，项目部确定新设备及钢结构的基础采用钢筋混凝土独立基础，采用打桩机打旋挖桩施工的方式开挖，经人工修缮后砖墙圈井施工，并浇筑，逐个完成设备及输送廊道钢结构基础的施工（图4-8）。

针对建设场地狭小、堆放场地有限的问题，项目部合理规划，根据施工进度合理安

图4-8　老厂施工廊道施工

排钢结构构件进场，同时最大限度地减少现场组对工作量，减少场地问题对施工的影响。

受场地条件限制，常规的移动起重设备无法高效使用，由于跨度大，因此只能按跨距组对后整体吊装，增加了吊装重量，给施工带来一定难度。项目部将施工吊装设备作为切入点，钢构件吊装选择紧凑型吊装机具，同时大量采用抬吊的方式，减少占地面积。

3. 老厂改造施工管理小结

在现有的条件下完成老厂区内的施工，不仅是后续施工的保证，也是项目成功的关键之一，在保障施工进度和质量的同时，老厂施工安全是施工的重中之重，同时也要做好施工防护及与客户的沟通协调。

第二节　项目参建单位情况

现场直接参与项目建设的分包单位有近121家，包括意大利、德国、法国、西班牙、匈牙利、罗马尼亚、瑞士、保加利亚和中国在内的公司，解决了当地4500多个就业岗位。现场本土化分包的主要有土建专业全部车间、机械专业回转窑、篦冷机、RDF替代燃料车间等，电气专业大部分在现场分包，筑炉保温全部当地分包，公用专业全部当地分包（表4-2）。

当地主要分包商　　表4-2

序号	公司名称	专业	工程范围
1	Geotechmin	桩基	全场桩基
2	STROY SPED	土建	窑尾收尘及增湿塔、窑旁路系统、煤粉输送及储存、泥灰岩破碎及电力室
3	Transstroy	土建	回转窑、篦冷机及电力室土建工程
4	Valmex	土建	预热器及生料库、RDF 替代燃料系统
5	GBS-VARNA	土建	行政楼、更衣室
6	Ajax 2002	土建	熟料输送和火车散装、石灰石储存和输送、原料调配
7	VITO 95	土建	原料喂料、原料磨及旋风筒楼
8	EFREMOVI	土建	水泵房及水处理、电力室
9	MONTAJI VARNA	机械	钢结构制作安装、输送廊道安装
10	STROY Product	机械	回转窑及篦冷机安装
11	JSP	机械	窑旁路系统、煤粉输送及储存、RDF 替代燃料系统

续表

序号	公司名称	专业	工程范围
12	KOMFORT Ltd.	机械	熟料输送和火车散装、窑尾收尘及增湿塔、石灰石储存和输送、原料调配
13	MONTAZHI VARNA	机械	钢结构制作安装、输送廊道安装
14	MONNTAJI ENGINEERING JSC	机械	钢结构制作安装、输送廊道安装
15	BULMAK 2005	机械	钢结构制作安装、输送廊道安装
16	Izotech Varna	电气	矿山电力室、原料磨电力室
17	IN LAB	电气	窑尾电力室、窑头电力室
18	ARKON	电气	火灾报警、通信系统
19	Light Impex M	电气	电气室、照明
20	NICKNICE	电气	电气室、照明
21	NEKTON 2	公用	厂区主管网
22	CHERNEV KLIMA	公用	全厂暖通空调、太阳能及燃气锅炉
23	AKVATONI	公用	厂区主管网
24	DYAYAN-S	公用	全厂消防系统
25	MEPCON ENGINEERING	筑炉	筑炉
26	MEPKON EOOD	保温彩板	保温彩板

第三节　项目设计概况

根据中材建设自身设计资源分配，综合客户要求，设计分工如下：

（1）工艺部分由中材建设自主设计完成。

（2）土建（包括钢结构）需要满足欧洲规范，中材建设自行设计一部分，并由当地公司转化，其余部分由欧洲公司设计。

（3）电气设计由中材建设自行完成，自动化由欧洲公司设计完成。

（4）公用工程由中材建设自主设计，当地转化。

（5）筑炉保温等由中材建设自主设计。

以上所有设计资料需要当地第三方审核、修正，以便符合当地的法律法规。

中材建设吸收目前国内外先进的水泥工艺技术经验，结合自身总承包项目的实施经验，保障合同项下工厂的工艺和控制技术、电耗指标、热耗、环保指标等具有国际领先水平。

（一）设计范围及技术指标

1. 设计范围

（1）设计活动。从基本设计到取得临时验收证书过程中的全部设计活动内容，包括新设施 CE 认证。

（2）专业。包含工艺、机械设备、土木工程、钢结构、电气及自动化、给水排水、暖通、消防、总图等。

（3）文件类别。最终/竣工图纸及文件，含供应商在内的操作和维护手册，施工安装期间形成的所有附加信息。

2. 专业内容与表达深度

（1）机械设计

1）部分设施基础工程。

2）所有设施的总布置图（布局、视图和剖面图），包括流程图中所示的承包商设备。

3）G.A. 的详细机械工程图纸，含所有设备与负载、辅助设备、网络、主要和次要钢结构、工艺管道、次要管道、通风管道、管道、平台、通道楼梯、扶手、踏脚板、中间钢平台、人行道和所有必要的通道平台。

4）危险区域分类以及火灾和爆炸风险分析。

5）总装图纸和车间图纸。

6）所供设备的安装、操作和维护手册。

7）设备最终数据表。

8）所有设备、建筑和新设施的竣工图。

（2）公用管网设计

1）压缩空气网络（包括压缩机、干燥机、储气罐和所有管道）。

2）新建筑和电气、技术室及其供暖、通风、空调。

3）工艺用水管网（喷淋水管网，包括水箱、泵站、管道和所有必需的阀门和配件）。

4）冷却水网络（包括水箱、泵站、水处理、管道和所有必需的阀门和配件）。

5）饮用水管网。

6）消防给水管网。

7）天然气分支网络。

8）等轴测图。

9）应力分析（设计标准和计算报告）。

10）管道类及与现有水泥厂各类接口。

（3）土木工程与钢结构设计

1）所有设施的建筑和结构施工图、工厂制作图设计。主要包括土方工程、挖掘、基础、深基础、防水、挡土墙、道路、隧道、电缆布线、涵洞、混凝土或钢结构立面结构、覆层屋面、工艺管道系统和管道系统支架、水工结构、管道、电气和技术室、建筑物、公用事业网络、排水系统、下水道系统、消防系统（包括建筑物）、公用网络、消防系统、道路、停车场和人行道、非厂房建筑的土木设计（含围栏、停车场等）等整个设施的设计图纸与计算报告等文件。

2）设计文件也包括计算报告、布局图、详细图、施工图、工程量清单、地形测量、水文研究、地质/岩土工程报告等，以及从有关当局获得工程所需授权的必要文件。

3）公用管网（地上和地下）修改、迁移和恢复需提供详细工程设计。

4）为工艺管道系统和输送机通道提供工艺管道系统和支撑结构的设计、详细工程和计算报告（从基础到管道支架）。

5）地质勘察报告（由获得许可的保加利亚当地专业地质学家或岩土工程师盖章并签署）。

6）设计标准按照合同中对建筑、结构设计标准及钢结构工程和土木工程的要求进行。验证现有土木结构，包括钢结构的制造和供应是否基于保加利亚规范和欧洲规范以及欧洲钢型材的使用是否符合要求。

（4）电气设计

1）电气室布局和电缆分配隧道。

2）从高压到低压配电的分配网络（短路、谐波分析、电压降）。

3）从高压到低压用电设备的继电器保护选择性研究和阻抗故障。

4）接地和防雷设计。

5）所有设备的设计及设备清单（电缆清单、电机清单、材料清单等）。

6）所有设备的电气方案和图纸（主要是 MVS、MV-PFC、LVD、LV-PFC、MCC、UPS、110 Vdc、LP、DG-SET）。

7）接口图。

8）功能分析，包含所有通过 Profibus-DP 连接的承包商设备。

9）现场施工工程用图。

10）详细的电气室布局（包括静电地板、盘柜布置、火灾探测、照明和插座、电话、接地、散热通风等）。

11）接线和安装的典型图纸（电机、照明、插座面板、电缆桥架、接地和避雷装置、LCB 和 LCBD）。

12）场地准备和临时安装工程的设计。

13）位置图。

14）电气及自动化部件的基本和详细工程文件（包括最终 G.A.带有完整设施的设备负载数据、电机列表、P&I 和功能规格的图纸）。

（5）自动化设计

1）电气和自动化原理图应使用 ELCAD® 开发。

2）基础工程。

3）工程数据库，包括仪器列表和 I/O 列表。

4）带有操作员界面定义的过程功能规范，包括AutoCAD® 格式的 P&ID；组合选择列表；启动和停止序列；操作联锁；保护机械和设备的安全联锁装置；过程互锁；控制回路描述；特定功能的描述；与其他系统（例如压缩机、除尘过滤器、包装等）交换的数据列表。

5）详细设计包括现场仪表的位置图，以允许与 DP/PA 网络相关的计算（此活动包含在主控制系统中）；本地技术室的布局和布置图；准备有关成套设备、仪表和自动化设备、现场设备、空气压缩机、特殊设备的所有技术文档，以允许 MCS 设计人员开发所有仪表接线图、盘柜布局（原理图）和应用软件。

6）MCS 详细自动化设计包括总体主控系统布局和架构的概念和详细设计。

7）整体仪表布局和架构的概念、计算和详细设计，包括 DP 现场总线网络、远程 DP/PA 链路和 DP/PA 耦合器、PA 网络、盘柜（整体仪表布局的概念、计算和详细设计，电缆长度和结构必须符合 Profibus PA 协议 IEC 61158-2）。PA 线路配置为冗余环网。

8）MCS机柜（远程I/O机柜、辅助和接口机柜、电源机柜、服务器和操作员PC机柜、通信机柜等）的布局和电气原理图。

9）功能原理图（所有现场仪表及相关机柜的接线图）。

10）电缆和电线清单。

11）MCS 安装规范和图纸。

12）应用软件的设计、开发和测试。

13）文件和手册（包括操作手册）。

14）竣工图纸和文件。

15）配置 PI OSI-Soft 长期数据存储和报告。

16）PDM 和资产管理配置。

17）Electrical Scada/Failsafe 应用软件的设计、开发和测试。

3. 主要性能指标

优化工艺流程，满足合同要求。主要性能指标如表4–3所示。

主要性能指标　　表4–3

参数	单位	保证值
熟料产量	tpd	>4000
比热耗	kcal/kg	730/740
熟料游离石灰	%	< 1.5
最低旋风筒出口处 CO 排放	mg/Nm^3, dry,10 % O_2	<150
NO_x 排放（日均）	mg/Nm^3, dry,10 % O_2	<500
SO_2 排放（日均）	mg/Nm^3, dry,10 % O_2	< 200
NH_3 排放（日均）	mg/Nm^3, dry,10 % O_2	<10
粉尘排放	mg/Nm^3	<10
氨气排放（25% 水溶液）	l/h	360
冷却机出口熟料温度	℃	70 + 环境温度
电耗	kWh/t clk	54

（二）设计原则及相关标准、技术要求

1. 设计原则

（1）设计需满足当地的相关规范及法律，并获得当地有资质的审核单位的批准。

（2）设计需满足客户相关技术要求。

（3）设计需符合工艺、电气、公用及其他专业的要求。

（4）设计需要考虑到地下建筑、地下管网的情况，并做好接口设计。

（5）设计工况如风荷载、地震作用、雪荷载等载荷需满足客户相关技术要求、当地规范相关要求。

（6）设计需要满足当地规范规定的防火要求。

2. 设计标准及设计技术要求

保加利亚相关设计规范和欧洲规范。

（三）主要工艺流程

本项目是基于水泥行业先进的干法水泥生产工艺，新建1条日产4000t 熟料的生产线，以替代现有 5 条湿法工艺生产线。范围涵盖从石灰石矿山输送到现有熟料库卸料系统，包括水泥调配站在内的整个熟料生产过程。具体工艺流程如下：

1. 石灰石输送

（1）改造连接石灰石矿山和水泥厂的皮带输送机系统，包括对连接石灰石矿山和水泥厂的输送系统进行机械、电气和自动化子项的技术改造，以恢复设计的输送能力，并提高皮带输送机系统的可靠性。

（2）电气技改工程，包括MCC柜、现场控制柜、连接动力电缆和控制电缆以及全套自动化系统连接到新的主控制系统，中控优先由中控室完成整条生产线的集中控制。

（3）照明面板、电缆和桥架、照明灯具等全套设计供货和安装工作。

（4）4台板喂机喂料系统改造包括新电机（VFD，用于变频调速控制）；新的齿轮箱和联轴器连接到现有的主轴；新的除尘系统；新的安全和保护装置（防护栏和拉绳）。

（5）所有皮带机应保留现有的承载架和托辊支撑架，更换所有槽型托辊和回程托辊。

（6）石灰石堆场：石灰石从现有堆场中（图4-9）取料，由上述皮带机直接进料到新料斗，包括2个用于生料磨系统计量石灰石配料的定量给料机、除铁器和皮带机，用于输送水泥粉磨使用的石灰石及所有辅助设备。

（7）原料汽车散装和破碎（图4-10）：由1个卡车卸料斗和1个卸料收尘器组成，包括带清扫链的重型板式给料机、辊式破碎机、皮带机、收尘器以及所有辅助设备，

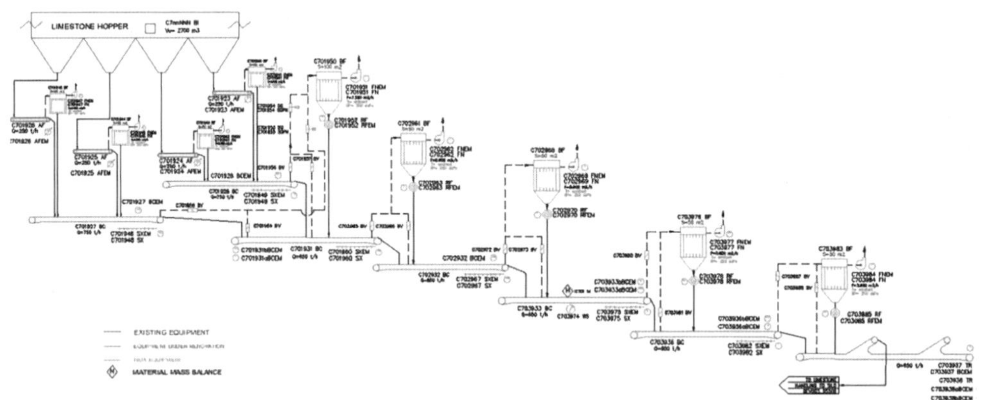

图4-9　采石场石灰石处理

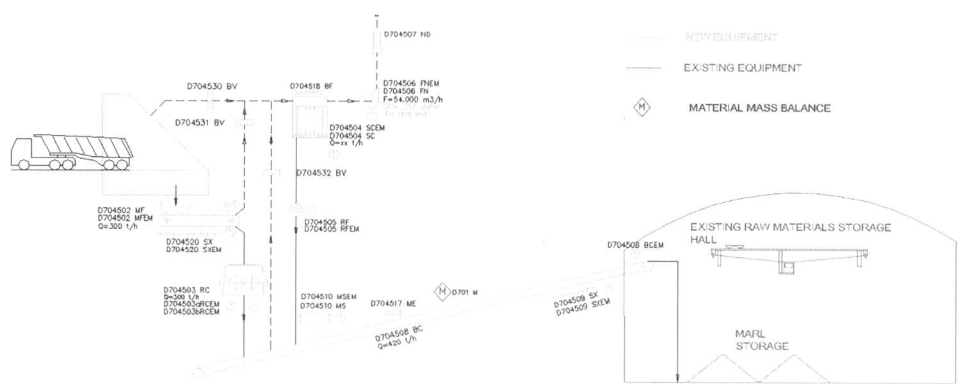

图4-10　原料汽车散装和破碎

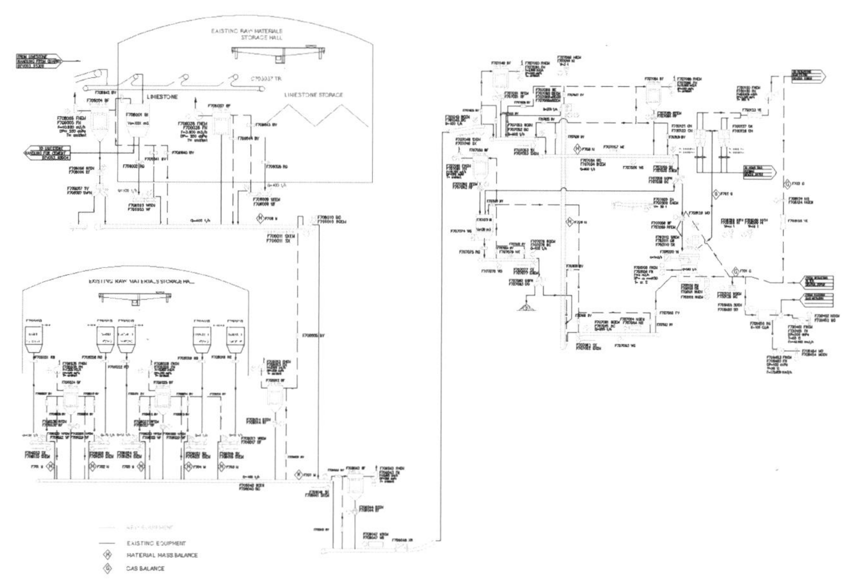

图4-11　原料磨

重型板式给料机的运输能力为 300 t/h，给料辊筛分机确保平均产量为 300 t/h，物料通过新的皮带输送机输送到现有堆棚，其输送能力为 420 t/h。

2. 原料配料及生料粉磨

（1）在现有的原料仓库中有5个带称重传感器的混凝土料斗，用于生料混合配料，生料通过新的皮带机（能力为 400 t/h）输送到原料磨（图4-11），并通过在线分析仪，校正原料混合成分。包括用于原料调配站的定量给料机、在线分析仪、皮带机、收尘器和所有辅助设备。

（2）生料粉磨站以立式生料磨机为基础，产能为 320 t/h。

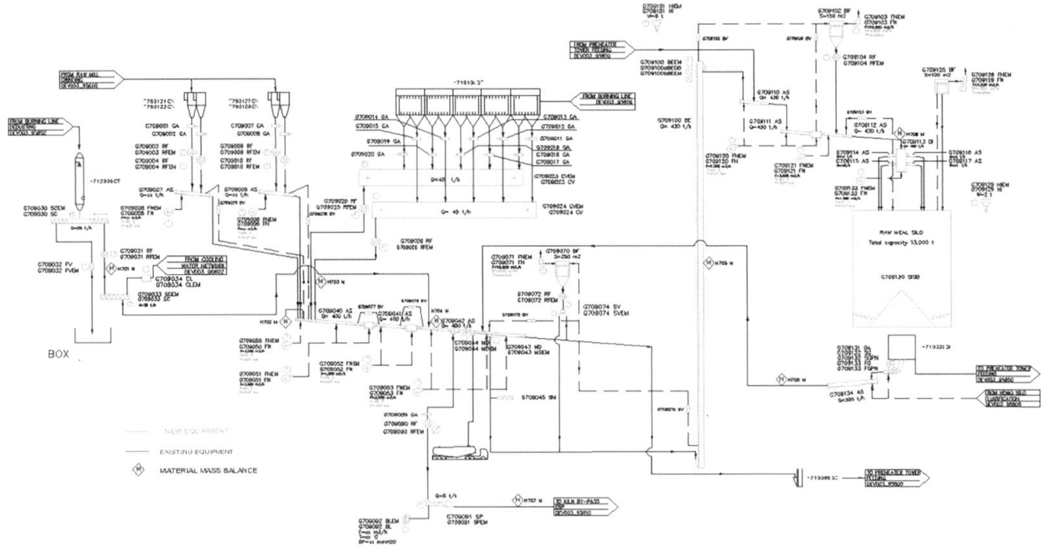

图4-12　生料均化和储存

（3）完整的生料粉磨站，从给生料磨的皮带机开始，包括生料磨及其选粉机和通风机、完整的再循环物料回路、生料磨检修维护的起重机、废气再循环回路和相关的阀门、热风炉及通风机、回转下料器及手动阀门、所有粉状生料输送系统直到给料仓喂料的斗式提升机、所有辅助设备，包括所有必要的电气以及控制柜等。

3. 生料均化库处理

（1）磨机选粉机收集的生料和烧成线袋式除尘器收集的生料粉被输送到均化库（总容量13000 t），通过空气输送斜槽（400t/h）和带式斗式提升机（430t/h）输送到预热器。

（2）生料计量料仓，包括底部空气斜槽和混料所需的所有设备和电气设备以及喂料斗式提升机、生料均化料仓顶部的空气斜槽、直接操作过程中生料的回料和再循环系统、收尘器及所有辅助设备（图4-12）。

4. 预热器处理

（1）预热器喂料系统（图4-13）：在生料均化库下，有2个给料系统（每个容量为340t/h，其中1个作为备用），通过空气输送斜槽和皮带斗式提升机输送到预热器喂料系统，包括均化料仓下的2个完整的喂料系统，流化所需的所有设备和机械，均化料仓下方和SPH顶部的输送空气斜槽，用于第5级和第4级旋风筒的给料，生料分料阀，2台带式斗提升机，相关的生料再循环回路，收尘器和所有辅助设备。

（2）烧成线（图4-14）：预热器共5级，配有低氮氧化物分解炉，回转窑；带有辊

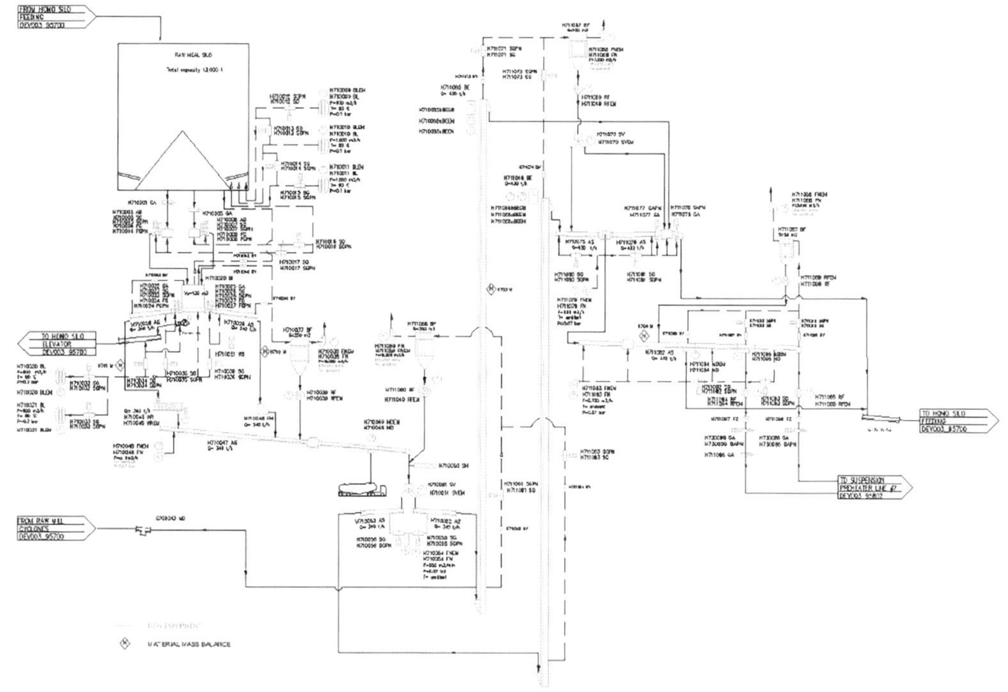

图4-13　预热器喂料系统

式破碎机的熟料冷却机，分解炉和回转窑可用替代燃料（RDF），回转窑采用天然气点火和预热；预热器下行管道装有增湿调节塔，配合氨水（25%溶液）注入的完整SNCR系统，用于减少NO_x。

1）完整的烧成线，从生料旋转喂料器开始放在最上面，直到熟料冷却器的卸料点，包括预热器引风机、冷却器风机、熟料冷却器除尘系统，除尘旋流器、排气扇、带喷嘴的注水系统、泵和调节阀，紧急和调节翻板阀，完整的粉尘运输系统（手动滑动门，双瓣门，链式输送机），所有必要的膨胀节，所有辅助设备，电气及控制系统。

2）烧成线收尘器，包括相关的排风机、循环风机、收尘器下的粉尘输送系统。

3）烧成线辅助设备，包括鼓风机及相关压缩空气网络、用于旋风清洁的WOMA泵及相关水网络、SPH客梯、窑壳冷却风机、GCT下用于泥浆和粉尘输送的可逆螺旋输送机、水-冷却螺旋输送机（以降低粉尘温度）。

4）废气处理回路，包括所有必要的阀门（紧急、调节和关闭风门）、管道和相关膨胀节、烟囱前的消声器；承包商应在连接熟料冷却器热空气和来自磨机或预热器的气体的管道中添加必要的混合装置，以使燃烧管线过滤器入口处的气体温度分布均匀。

5）完整的SNCR系统，包括储罐、罐装泵和煅烧炉氨注入泵、调节橇、喷嘴、带有软化器的氨回路清洁系统、罐、泵及所有必要的管道。

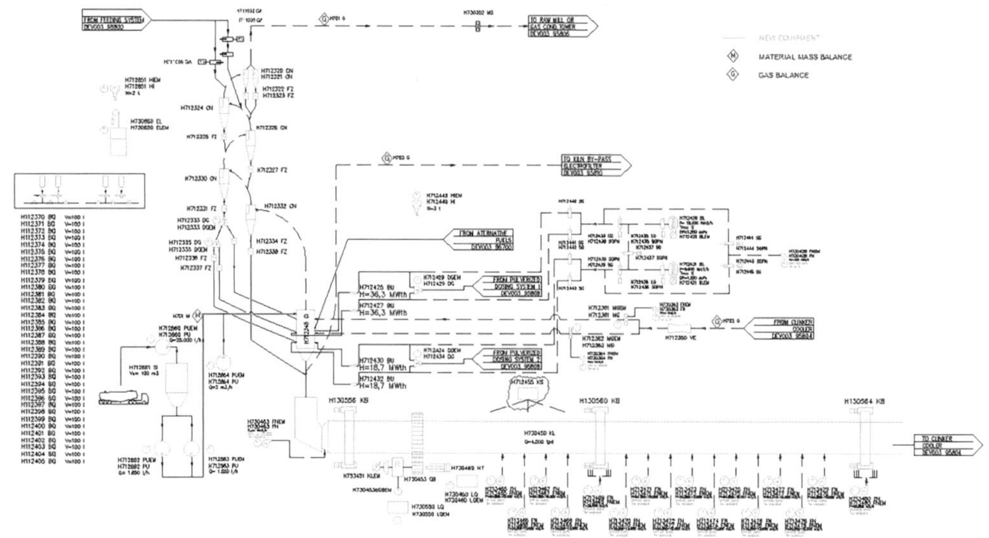

图4-14　烧成线

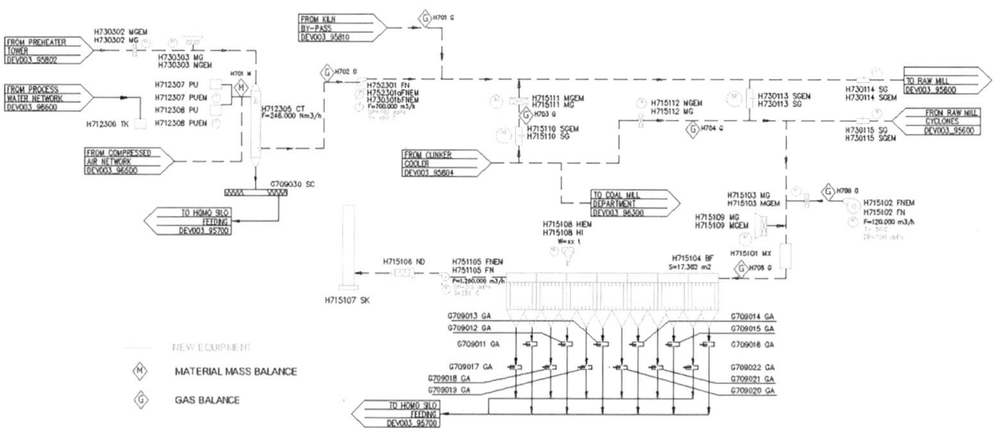

图4-15　原料磨和烧成线收尘

6）窑旁安装有冷却风机、静电除尘器、排风机、粉尘处理（图4-15）。为了最大限度地利用热量，冷却器出来的部分空气分流送入生料磨；剩余部分由磨煤机使用或送至过滤器。

保加利亚代夫尼亚水泥厂4000t/d熟料生产线项目的总图设计（图4-16）充分利用了原有的场地。

图4-16　保加利亚代夫尼亚水泥厂4000t/d熟料生产线项目效果图

第四节　当地生产资源概况

保加利亚属于欧盟国家，背靠欧盟大市场，近几年经济稳定增长，金融汇率稳定，土地使用和劳动力成本较低，税收优惠，IT技术人才丰富，其吸引中资企业投资合作的愿望也愈加强烈，有越来越多的基础建设、IT和新能源领域的中资企业关注并进入保加利亚市场，开展投资合作，中保企业投资合作的领域与前景也日益宽泛。

（一）人力资源情况

截至2019年底，保加利亚全国人口约695万，约占欧盟总人口的1.4%，其中男性337万（48.5%），女性358万（51.5%）。保加利亚主要民族有：保加利亚族占83.9%，土耳其族占9.4%，吉卜赛人占4.7%，其他（马其顿族、亚美尼亚族等）占2%。城市人口占73.7%。人口较为集中的城市为索非亚、普罗夫迪夫、瓦尔纳（图4-17）、布尔加斯等。

保加利亚人口下降和老龄化趋势仍在继续。目前在保加利亚的华人华侨共约3000人，绝大多数在保加利亚首都索非亚从事商品批发、零售、餐饮等，少数分布在普罗夫迪夫、瓦尔纳等城市。当地招标投标历时较长、反复较多，经济增长内生动力不足，青壮年劳动力缺乏，一定程度上也制约了中资企业在当地投资合作的发展步伐。

图4-17　瓦尔纳

（二）施工机具情况

材料物资：当地材料市场物资比较齐全，在本土化操作思路指导下，考虑综合成本因素，此项目执行了较大规模的当地物资采购，及时保障了项目的有序进展，包括绝大部分施工消耗品，如焊条等；绝大部分小型工机具；钢板、钢管、型钢等，以及全部的彩板、夹芯板及高强螺栓。

加工制作：当地具备分交制作条件，该项目在当地进行了大量的分交制作，如钢结构、大风管、烟囱等。

机具租赁：由于保加利亚对大型吊装机具有严格的认证许可制度，中国机具进入的手续复杂，因此除了两台50t吊车来自中国外，此项目建设中的大型吊装机具均在当地租赁或者由当地分包商提供（表4-4）。项目部与当地企业签署了大型机具租赁合同，

根据不同规格能力，固定租用单价。

预热器塔式起重机：为了方便项目实施，租赁了预热器附着的大型塔式起重机（70.8~143m），为项目实施提供了极大的便利，保障了安装效率和速度。

主要大型机具使用情况　　表4-4

序号	设备名称	规格类型	单位	数量	备注
1	固定式塔式起重机	400t·m（H=156m，L=70m）	台	1	K50/50
2	固定式塔式起重机	100t·m	台	2	
3	履带式起重机	80t	台	1	
4	履带式起重机	50t	台	1	

续表

序号	设备名称	规格类型	单位	数量	备注
5	汽车 / 轮胎式起重机	50t	台	2	
6	汽车 / 轮胎式起重机	25t	台	2	
7	汽车 / 轮胎式起重机	8t	台	1	
8	龙门式起重机	MH10t-18m	台	4	含轨道 / 附件
9	载重汽车	26t×12m	辆	1	
10	卡车（板车）	12t×12m	辆	2	
11	叉车	3t	辆	1	
12	叉车	5t	辆	1	

（三）物流环境及运输情况

保加利亚的公路、铁路、港口、机场等大部分基础设施建于20世纪60~80年代，由于近年投资不足，普遍存在老化、失修、设备陈旧的现象，一定程度上制约了保加利亚的经济发展。

1. 公路

截至2019年底，保加利亚国家级公路总长度为19879km，其中高速公路790km，一级公路2900km，二级公路4019km，三级公路12170km。各种公路总密度为0.39km/km^2，高于波兰、斯洛伐克和土耳其，与拉脱维亚、立陶宛、罗马尼亚和斯洛文尼亚持平。保加利亚的公路网络与周边的罗马尼亚、希腊、土耳其、北马其顿、塞尔维亚等国互通。

2. 铁路

截至2019年底，保加利亚运营铁轨总长度为4030km，其中电气化铁路2870km，占总长度的71.2%。绝大部分铁路建于1990年以前，近10年更新改造了约1000km铁路。保加利亚国家铁路公司每天开行列车560列，客运列车发动机平均使用时间达40年，列车高负荷运转，机车严重老化。首都索非亚建有2条交叉的地铁，第3条地铁正在施工。保加利亚的铁路网络与塞尔维亚、北马其顿、罗马尼亚、希腊和土耳其互通。

3. 空运

保加利亚共有5个国际机场：索非亚、布尔加斯、瓦尔纳、普罗夫迪夫、格·奥利亚霍维察。客运机场主要是索非亚、瓦尔纳、布尔加斯和普罗夫迪夫机场。保加利亚同欧洲各主要城市有直航班机。中国和保加利亚暂无直航班机，两国往返可经伊斯坦布尔、莫斯科、维也纳或法兰克福等地中转。2019年保加利亚机场共运送旅客1204万人次。

此项目的人员入境和货物空运均通过瓦尔纳国际机场，项目现场距离机场20km左右。

4. 水运

保加利亚60%的进出口货物通过海运运输，港口在保加利亚运输业中占重要地位。保加利亚的主要海港是瓦尔纳港和布尔加斯港，两港口与黑海沿岸各国互通。2018年，保加利亚港口货物吞吐量为3132.5万t，主要河港是多瑙河的鲁塞港、维丁港和斯维斯托夫港。

代夫尼亚水泥厂项目距离黑海港口城市瓦尔纳20km，交通便利，项目绝大部分设备物资均通过瓦尔纳东港和西港进口。瓦尔纳港是保加利亚最大港口，也是第8号泛欧走廊的重要组成部分。

本项目的交货方式是税后交货（DDP）。项目聘用了当地知名的物流清关代理Bon Marine协助中材建设获得了海关注册许可EORI，并设立了保税区。

项目累计发运6500t，分为两批散货船和206个集装箱。内陆运输通过公开招标，分别由Bon Marine和Unimaster承接。内陆运输通过当地直接操作，极大降低了成本，提高了协作效率。项目所有集装箱货物的内陆运输由Bon Marine根据双方协议，以每个集装箱80欧元承运。集装箱进口比较零散，此项目由清关代理完成清关后，由其负责直接将货物送至现场，“一条龙服务”极大地减少了沟通环节，提高了工作效率。

（四）项目所在地供水供电情况

保加利亚是东南欧地区能源生产大国，2019年保加利亚本国发电量44161吉瓦时，较2018年下降3.8%；电力交付量（净发电量和净进口额之和）为34485吉瓦时，较2018年增长1.7%。主要出口国为与保加利亚电网相连的希腊、罗马尼亚、塞尔维亚、北马其顿和土耳其等周边国家。2006年底，应欧盟要求，保加利亚关闭了科兹洛杜伊核电站3、4号机组，仅剩装机容量为1000兆瓦的5、6号机组。保加利亚最大的火电站马里查东火电站由1、2、3号电厂组成，总装机容量为2480兆瓦。

此项目建设过程中，临建办公室的水电均由客户免费提供，中材建设负责水电的临时连接以及配电盘柜的布置。充足的水电供应，保证了项目的稳步实施。

第五节　施工场地、周围环境、水文地质等概况

（一）当地水文地质等条件

主生产线原料磨、烧成区域位于老厂区内的空闲场地，该区域属于第四纪沉积物的复合体，表层泥灰质黏土，下层岩性结构，微风化。

地下水位于自然地表面下– 5.40~ –4.60m 深度处。

（二）项目所在地周围环境

1. 地理位置

本项目位于代夫尼亚镇，位于该国东部，靠近黑海，地处东经27°33′，北纬43°13′，距离首府瓦尔纳25km，由瓦尔纳州负责管辖，海拔高度48m，是主要的化学工业和重工业中心。

2. 地形、地貌

本项目位于代夫尼亚河梯田河阶地状平原，地势平坦，这决定了地形的地质岩性结构。

3. 水文地质

本项目区域地质构造为下白垩纪主要沉积物的复合体，其时代为白垩纪早期时代，覆盖着第四纪沉积物和不同厚度的新地层。整个区域最大的组成结构是由北保加利亚挤压形成，深度约2~3km，从古生代到第四纪的厚沉积复合体组成了该地区的地质结构。就目前的岩土工程勘察而言，只发现了单独的地层。石灰质成分向北逐渐增加，组成成分由泥灰岩逐渐变成黏土质石灰岩。上述地形及附近现有建筑物未发现因滑坡、滑坡等造成的断裂、变形。

总体而言，项目所在区域是一个稳定的区域性蓄水结构，含水层可能偶然出现在地下，大多数情况下，这些是浅循环的水域，属于风化区，地下水补水由地表降水补充，地下水的分布具有明显的差异，呈小面积断续分布的特点。

根据1987年保加利亚相关地震划分数据，勘探地点位于地震系数K_c=0.10，地震活动最大为Ⅶ度的地区。根据土壤的地质调查和光谱曲线，代夫尼亚水泥厂项目的土壤属于C类。

4. 气候气象

项目所在地海平面48m；年平均降雨量550mm，年最小降雨量31mm（3月），年

最大降雨量66mm（6月）；年均温度10.8℃，最高温度40℃（7～8月出现峰值），最低温度-25℃；最大湿度85%，最小湿度67%。当地主导风向如表4-5所示。

当地主导风向　　表4-5

月份	主导风向天数占比（%）							
	北	东北	东	东南	南	西南	西	西北
1月	29.8	22.1	5.2	9.8	6.9	3.2	8.0	15.0
2月	27.0	22.0	5.8	10.3	7.6	4.7	10.6	12.0
3月	23.2	22.8	8.3	13.5	8.3	5.3	8.8	9.8
4月	17.6	16.0	10.7	23.0	10.5	3.8	8.6	9.8
5月	18.4	16.7	9.8	21.6	10.9	4.2	8.0	10.4
6月	22.7	18.3	7.9	18.7	8.0	3.3	7.6	13.5
7月	27.4	18.7	8.4	15.9	5.3	3.0	5.9	15.4
8月	22.8	21.2	11.9	16.4	5.4	3.5	6.9	11.9
9月	22.9	24.8	10.0	14.9	4.5	4.3	6.9	11.7
10月	23.1	24.2	8.6	13.3	7.6	4.2	6.4	12.6
11月	21.9	25.6	8.4	13.9	8.2	4.1	6.5	11.4
12月	28.1	24.2	4.5	10.4	8.2	3.5	6.8	14.3
年平均	23.8	21.4	8.3	15.1	7.6	3.9	7.6	12.3

5. 空气质量

本项目建设主要位于代夫尼亚镇的边缘区域，附近主要为耕地，环境空气质量现状良好。项目运营期产生的大气污染物主要是NO_x和SO_x，需要控制此类气体的排放。

6. 生态环境

本区域是以人类活动为主的农业生态系统。项目建设区域生物群落分布较少，生态结构相对简单。经调查了解，区域范围内无自然保护区、文物古迹、珍稀动植物及其他生态环境敏感区。

7. 社会环境

项目所在地为代夫尼亚镇，附近有居民区，交通运输便利，同时医疗卫生条件尚可，生活物资、现场施工相关物资易于采购。

（三）项目施工场地布置

1. 场地规划布置需考虑的因素

新项目位于老厂区内，现有生产线建筑主体为20世纪60年代修建，后续陆续修建了部分辅助车间，现有的建筑已破旧不堪，场地标高也经挖填变化较大，受地下管线及现有建筑的影响，现场施工受限严重，需对施工场地进行科学的规划和布置。需考虑的因素如下：

（1）水电供应从现有的老厂接入，电力由老厂区的总降接入，厂区供水由场外的现有给水管网接入，水电接口都较破旧。

（2）排水可接入代夫尼亚镇的市政管网，水质须满足当地污水和雨水的排放标准。

（3）整个建设区域周边设有围墙，须将老厂区域同新建的生产线隔开，以保证老线的生产。

（4）须对施工现场的道路交通、材料仓库、加工场地、主要机械设备、临时房屋、临时水电管线等做出合理的规划布置，以满足施工方案和施工进度的需要。

（5）为了保持交通畅通和工程安全文明施工，减少材料、机械和二次搬运，避免环境污染，相应现场平面须进行科学合理布局。

基于以上情况，本工程施工平面布置图确定原则如下:

（1）施工总平面布置图根据工程进度，分阶段调整平面布置图。

（2）合理布置塔式起重机，做好施工道路规划和场地规划，降低运输成本，减少二次搬运。

最终形成的项目施工场地的总布置图（图4–18）如下：

2. 场地具体规划布置方案

（1）新生产线的设备、钢结构、材料数量较多，需要进行合理的堆放，以方便保管和取用。根据施工顺序，科学合理地规划设备、钢结构和材料堆场显得尤为重要。

本工程设备按照施工进度和施工工序分批进入现场，尽量就近直接运输到安装位置，减少二次倒运。重型设备、前期不影响上游专业施工的考虑堆放于新厂区，减少保管的压力；对无法堆放于厂内的设备、钢结构、材料等，根据客户提供的信息，在老厂规划了两个堆场，即一个室内堆场，一个室外堆场，在室内堆场放置焊条、油

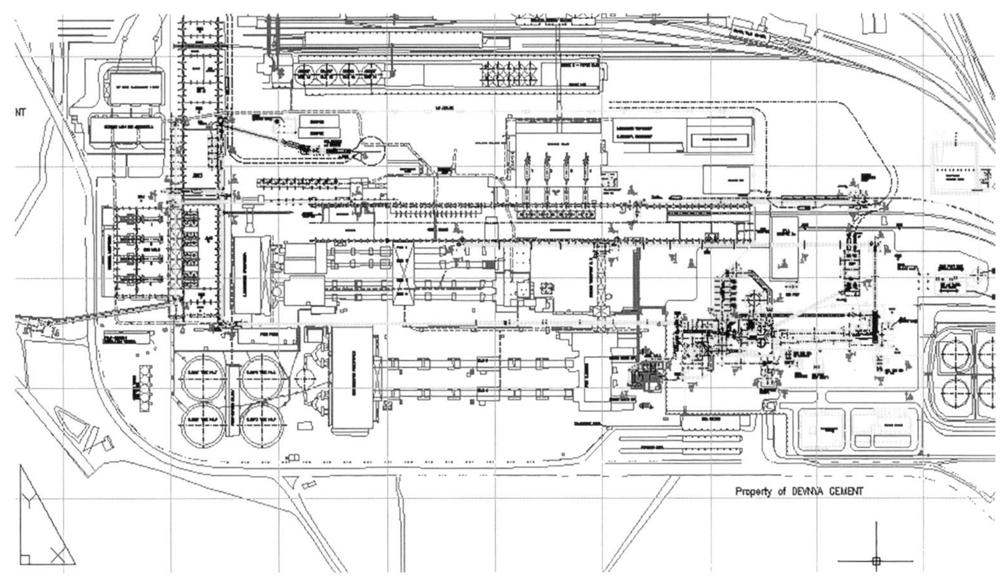

图4-18　项目施工场地的总布置图

漆、设备配件等对存放环境有要求的材料和配件。

（2）混凝土搅拌站的选址也同样重要，应最靠近施工场地的区域，缩短运输距离，同时减少运输罐车的数量，减少混凝土运输的时间。

（3）施工现场考虑用高度1.8m的围栏进行封闭，施工时对现场进行封闭管理，由各承办商当场颁发胸牌。

（4）现场的办公室设置在厂区外侧，即厂区的入口处，方便进入现场。考虑办公室的便捷性，办公室采用标准化的移动式集装箱拼装。经过调研，在现场附近有整栋的公寓出租，项目部营地设置在此处，临近小镇，在保障安全和交通便利的同时，方便日常物资的采购。对办公室和营地周边适当绿化、美化，为职工营造干净卫生的环境，展示企业形象。

（5）根据建筑物的特性和四周场地条件，塔式起重机的布置位置要考虑后期拆卸是否方便。根据项目特点，在原料磨、预热器和生料库设置塔式起重机。预热器塔式起重机考虑附着加固，确定钢筋加工场、搅拌站、加工棚和材料、构件堆场的位置，应尽量靠近使用地点或在塔式起重机能力范围内，并且不能影响运输通道。各种钢材按不同规格整齐堆放，设置标识和检查状态，加工场地满足现场加工要求，场地不考虑全部硬化。

（6）本工程主要用水为养护用水。工地排水经过沉降池后，通过道路两侧的排水管道至客户指定的主要排水系统。

（7）施工电源由甲方提供3个一次配电箱，用电量和导线等经计算确定，二级配电箱、办公区和施工用电接口设置配电箱，根据施工阶段的电力负荷由项目部自行设置。线路主要为埋地安装，埋深1.2m，覆盖着沙砖，防止机械或人为破坏。为了保证埋地电缆敷设的安全，电缆不得伸长过直，并应预留“S”形弯曲，用砂砖覆盖保护。电缆穿过路面部分，穿钢管保护。

（8）以充分保证施工重点、保证进度计划顺利实施为目的，在项目实施前，对大型机械的使用和进出入口进行详细的规划，严格执行物资和周转材料堆积或运输计划，建立健全协调制度。

为了保证项目的顺利进行，在做好基础交通组织工作的同时，也要做好场外交通组织工作。尽可能利用原有道路，工程施工后，与客户协商，确定合适的交通路线、运输时间，并严格遵守，确保不影响周围的正常工作和生活。在施工现场布置中，设置禁止、转弯标志等限速标志，引导车辆在现场行驶。施工高峰期进场的各种车辆必须妥善处理，保证现场区域交通畅通和施工生产顺利进行。

第六节　项目建设主要内容

（一）合同范围

工程采用EPC交钥匙总承包方式，合同范围包括设计、供货、制造、运输、土建、安装、调试、测试、培训和性能担保。工程范围涵盖现有的原料联合储库到现有的熟料堆场，主要包括：联合储库的料仓及下料，原料输送、生料库、原料磨、窑尾、窑中、熟料汽车及火车散装，中控楼及更衣室；另包括矿山到堆场的3条皮带机改造（皮带更换、驱动更换、尾轮更换）及矿山板喂机改造，原料破碎及输送到现有原料联合储库，石灰石输送到水泥原料堆场，煤粉输送到窑头窑尾，备用燃料的储存及输送到预热器分解炉和窑，不包括煤磨、熟料库、水泥磨及包装发运。

（二）主机配置

1. 主要设备配置情况（表4-6）。

主要设备配置表　　表4-6

项目	描述	备注
破碎机	300t/h	
原料磨	320t/h, 2500kW _LM 48.4	
原料磨提升机	200t/h	
入库提升机	430t/h	
入窑提升机	430t/h	2 台
生料库	13000t，18m 直径	
预热器	4000TPD	单系列五级，分解炉可以烧备用燃料
回转窑	ϕ 4.6×68m（630kW）	
工艺收尘器	605421 Nm^3/h	窑尾 窑头共用
冷却机	蓖床面积 102.6m^2（39.9mtpd/m^2）	
盘运机	280t/h	
煤粉称	分解炉（2）；去窑（1）	3 台
旁路电收尘	25385/19180 Nm^3/h	

2. 设备供货商情况

除下述设备外，其余皆为国外进口设备（进口设备无原产地要求，可以采用合资方生产的设备）。在项目执行中，充分发挥中材建设在摩洛哥、多米尼加等水泥厂总承包项目的设备采购中积累的丰富经验和熟悉掌握国内外水泥设备制造商情况的优势，以技术先进、质量可靠为前提，确保采购国内外技术先进、性能可靠的设备。

（1）罗茨风机、斜槽、皮带机、小收尘器及风机（含窑筒体冷却风机）、拉链机、水泵、铰刀、散装机、水处理系统、工业循环水冷却塔。

（2）电缆及电缆桥架。

（3）耐火材料。

（三）现场工作范围及工程量

除矿山以及联合储库设备增加、改造以及原料磨至熟料堆场的全新熟料线外，项目组的工作范围还包括以下几点：

（1）重新布置现有的污水、排水、工艺冷却和生活用水的管网与新建筑物的连接。

（2）现有廊道和转运站结构的加固。

（3）为客户提供现场办公室。

项目工程量如表4-7所示。

项目工程量 表4-7

专业	工程	单位	数量
土建	开挖	m^3	146890
	回填	m^3	56000
	桩基	m	3400
	混凝土	m^3	46377
	钢筋	t	6020
	道路	m^2	25000
	钢构	t	9638
	彩板	m^2	35086
机械	设备	t	8986
	筑炉	t	3300
	保温	m^2	15000
电气	电缆	km	600
	盘柜	面	294
	UPS	台	10
	主要自动化仪表	套	357
	电缆桥架	km	21
	照明	盏	2640

1. 工程管理

本项目由具有水泥工厂工程总承包管理能力和经验的工程师团队为主组建项目经理部，全过程指导和控制项目的实施。

工程进度和计划的管理采用动态网络管理技术，确定项目施工过程的关键路线，每周对照总进度计划和实际工程进度，及时调整资源的投入和非关键线路的工作时间，确保关键路线的工作在最迟完成时间内完成。

工程施工全过程以质量目标管理为主体，全面执行ISO9000的工程质量管理体系，对水泥、钢材等原材料和混凝土的质量检查统一，杜绝不合格的材料。建筑和安装工程的施工按照相关验收规范和公司作业指导书的规定实施检测、控制和管理。严格执行有关施工安全和环境的法律、法规和规定，按照ISO14000环境管理体系的程序文件执行。

2. 工程施工

项目全部建筑工程、机电设备安装和钢结构工程全部由中材建设具体实施。根据合同总工期的要求建立集工程设计、设备制造、建筑工程、安装工程于一体的总体施工部署，对施工人员、场地、材料及机具、资金进行统一控制和使用，各专业彼此兼顾、密切协作，确保项目建设总工期控制在26个月以内完成。

3. 性能测试与考核

组成以中材建设为主体、设备制造商共同参与的调试团队，实施性能测试与考核过程的操作和管理。充分发挥投标商整合的涵盖设计、制造、施工、生产全过程的资源优势，以设计质量控制制造质量，以安装质量保证设备运转质量，将设备的联动试车、负荷试车、性能测试和考核有机地结合起来。

4. 工程保证与服务保证

在工厂交付客户前按合同要求提供完善的工程保证与服务保证。工厂交付客户后，充分发挥自身优势，继续为客户提供服务保证。

第七节　工程项目特点、重点与难点及风险分析

（一）工程项目重点和难点

工期管理是项目管理的关键点之一。项目的施工工期受制约的因素很多，不同的阶段有不同的侧重点。在项目前期，从设计、采购、施工三个维度对工期进行统筹策划十分重要。

1. 设计

由于土建、钢结构、自动化以及公用系统等设计由保加利亚当地公司执行或经当地公司转化，需加强过程控制，保障设计周期。但在操作过程中，设计图纸的当地评审时间不易控制，IC以及MP的评审周期按照正常流程也需要两个半月，这就意味着从设计完成到开始施工，项目组需等待至少两个半月。

经过分析，对设计采用设计总负责人负责制，设计总负责人负责项目的工程设计和

管理工作，将项目设计纳入整个工程管理体系之中，便于项目信息管理、沟通和共享。

同时项目各阶段之间的联系具有连续性，能够有效保证工程的进度。在设计过程中还可以有效地考虑到工程后期（施工、测试）的实施，设计总负责人丰富的工程经验又使得设计初期其对现场的情况做了预先处理，最大限度地减少修正。

2. 采购

设备采购往往在设备选型上需要花费较多的时间，根据项目实际情况、合同供货商清单，并结合公司常用供货商进行采购，必要时与客户沟通增加备选供货商，同时为了便于现场服务以及使用申报，电梯、消防等需要的特种设备从当地采购。另外，合同中供货商清单规定了供货商但未限定原产地，考虑到采购成本，诸多电气设备从合格供货商的国内代理或生产商采购。

工程最大的材料主要是钢材，其用于钢结构及非标准设备的制作，由于合同要求是欧标型钢，国内市场难以找到合适的欧标型钢，同时，根据市场调查，对比保加利亚当地钢材采购价格以及国内钢材价格，可以发现两者相差不大。如8mm厚的钢板国内价格为4700元左右，保加利亚当地价格折合人民币为5000元左右。若考虑到运费、清关费用、关税等成本，保加利亚当地价格较为经济，且当地钢材满足欧洲标准，综合考虑从当地采购更佳，这样便于有效控制成本。因此非标、钢结构等考虑当地采购。

3. 施工

合同工期26个月，是指熟料线生产稳定且产量达到70%所需要的周期。项目工期风险主要集中在预热器塔架区域，预热器塔架施工周期长，图纸审核周期长，设计资源、安装分包商等问题均制约项目工期，为解决这一问题，在施工过程中对预热器塔架区域的安装采用国内分包，采用技术强的安装公司；另外对技术要求较高的原料磨关键区域也由国内分包商重点控制；废气处理、窑中、窑头等其他区域，采用分区选定当地分包商进行施工。

保加利亚冬季寒冷，最低温度会达到零下十几摄氏度，有3个月左右的时间无法施工而且主体工程土建施工均在冬季；塔架为复合楼板结构，安装周期长，实际合同工期仅20个月左右，如何保证冬期施工，也是需要重点考虑的问题之一。项目部通过分析，土建基础在冬季前，基础混凝土做出零平面以上，保证冬季可以做一些安装施工工作，减少天气对施工进度的影响。

参与项目建设的公司来自意大利、保加利亚、罗马尼亚、土耳其、中国等诸多国家，多种文化交汇，风俗不同，可能会引起沟通问题，并且当地工人工作时间受到当地风俗、节假日、劳工法律的限制或影响，一定程度上影响项目的工期。

鉴于以上问题，项目部建立应急预案机制，根据已知的节假日提前安排工作，尤其是当地节假日，同时项目部积极了解当地风俗以及劳工条例，在符合当地法律的情况下尽可能地提高其工作效率。另外，项目部增强同外国公司的沟通交流，减少沟通交流问题对项目进度的影响。

（二）风险管理及应对

1. 政治、财务税务风险

项目部同当地律师事务所和咨询公司建立合作关系，由他们提供相应的法律法规的咨询，服务于工程。同时，项目部积极关注企业所得税、增值税、代扣税等风险，聘请当地的注册会计师提供税务咨询及记账报税会计检查等相关工作。

2. 技术风险

项目部尽量选择与总承包商之前合作过的欧洲公司合作，同时加强技术和安全方案交底，杜绝质量和安全事故。

另外，项目部加强与分包商的管理沟通。要求分包商审图规划和细化，供总承包商审核，同时总承包人员先期细化工期，找出难点。针对个别子项，例如窑头、卸车坑，需要土建与安装互相配合的，给予分包商提前安排，使土建安装组织协调最优化。

在项目前期复测客户提供的原始坐标，确保准确性。

3. 沟通风险

沟通风险主要指当地雇工工作时间和公司不同步；带班人员和当地雇员的交流问题。

应对方法：明确当地雇工的工作时间，严格管理，施工管理人员在安排工作时充分考虑人员分配问题。由于语言问题，带班人员和当地雇员可能会出现交流问题。因此，管理人员多在现场监督，发现问题及时帮助解决。平时加强对语言较差人员的培训。充分了解、尊重当地人的风俗习惯，尽量避免因此出现的误会。雇佣当地员工时严格面试，尽量雇佣懂英语的员工。

重要分部分项工程施工前必须有技术和安全交底（英文和保语），并安排分包商负责人和班组长签字；加大安全培训力度，对于安全设备使用要求具体操作、练习和演练，拒绝走流程；重要施工职位要求证书和资质（例如起重、焊接）。

4. 索赔管理

在欧洲，当地分包商的索赔意识和要求较强烈，索赔和反索赔贯穿于项目实施的所有环节。

项目组在分包合同签订前，加强对合同的文本审查、技术审查和法律审核；分包合同的索赔与总包合同的索赔条件采用“背靠背”原则，即分包商索赔的程序和索赔条件必须在总包合同的框架之下——总包合同不允许总包商向客户索赔的情况，分包商也不能向总包商索赔。

在合同中明确给予合同子项工程量变更合理范围（例如5%），规定范围内的工程量增加，不能做价格和工期调整。

审图延误导致分包商索赔的，严格规划分包商进场时间，合同内必须特别注释，给予正确对待；分包商进场时间与图纸、合同签订挂钩，例如图纸通过后2周内进场，提前签署合同。

在未能明确开工日期或设备使用日期时，可签署意向合同，对要使用到的人员、机具做好预定（主要针对国外分包资源和机具资源有限的特点）。

对于设计问题导致的工期延误，考虑使用人工单价，按照单价给予补偿，或者新增子项多安排工程量补偿；给分包商多创造施工条件，一旦某子项因设计问题停工，可要求其他子项开工协调分包商人员和机具，避免索赔；做好同期记录，每日对分包商人工、机具和进度情况进行记录（外加现场进度照片附日期）。

项目实施中必须做好如下细致工作：项目管理人员做好文件材料的管理，要求分包商或者会谈对象签字，使文件正规、合法化；做好日常施工记录，项目统一发放，每周收集汇总，内容涵盖分包商进场情况、人员、机具和材料的使用状况；做好现场状况的同期记录，对于问题、延期要准备充分的依据；在合同中明确给予合同子项工程量变更合理范围，避免相关索赔；每周汇总各个分包商的问题和改进之处，发给分包商（签字），避免后期索赔；车辆机具使用标价，方便后期索赔。

总承包商项目管理组织图下发分包商，分包商组织图写入方案并签字，明确和强化责任。

5. 现场分包管理

鉴于工作签证限制，预热器塔架、原料磨重点区域的施工任务需交由安装能力较强的分包商，因此考虑分包商由国内分包队伍承担。土建、电气、公用等都采用本土化实施的方式，当地分包商的实力对工期影响至关重要，可以有效控制成本以及工期。

对回转窑、冷却机、废气处理、原料准备、熟料输送及散装区域，进行本土化操作，由当地分包商进行施工。

土建施工采用完全本土化，即最大限度地利用当地的施工分包商、施工材料、施工机具和项目管理经验。

电气分包采用国内主管和当地工程师结合的本土化管理模式，此方案不受劳工签证的限制，比总包更经济，可控性也更高。

如何进行分包商的选择及分包管理是施工管理的难点。为了更好地选择当地分包商，项目部从以下几方面进行控制管理。

（1）资格预审

分包的关键和难点之一，是选择“正确”的分包商，只有“正确”的分包商才最有可能做出“正确”的事情。招标之前，通过资格预审，了解潜在分包商的业绩、技术和财务实力、机械装备水平、人力资源水平，分包商的工效和价格水平。为了确保预审文件的可信，所有的资格预审文件必须交由我方律师进行审核。同时，通过当地的咨询公司，侧面了解潜在分包商的分包能力和履约信誉。

（2）选择标准

除了报价的核心要素外，在选择标准上，重点考虑如下方面：

1）分包商从事类似项目的经验（从资格预审文件获得）。

2）项目实际完成绩效、信誉是否良好（向分包商以前的客户或者总承包商询问）。

3）分包商可用于本项目的施工机具情况（实地考察+付款条款约束）。

4）分包商核心管理人员素质（不选择管理能力弱的分包商）。

5）分包商的财务状况（主要是审计财务报表）。

6）到分包商正在承担的工程项目上实地考察其能力。

（3）分包合同核心条款

在分包合同的编制和起草上，特别注意如下内容：

1）分包工作范围

界定分包商应该负责的分包工作内容。注意分包工作与其他分包商或总承包商的工作界面划分，对衔接性工作做好清晰划分和归属。

2）分包工作实施时间安排

对分包商开始和完成时间予以规定，并以附件的形式给至分包商。规定开工日期的大致时间（而不是准确时间），具体开工日期由总承包商来通知。避免由于总承包商未能按计划为分包商准备好入场条件或图纸延误等，导致分包商索赔。

3）付款条款

价格和支付：分包合同采用固定单价合同，单价在任何条件下都不进行调整。分包价款按实际测量的进度支付。支付时间与总承包商收到客户付款相结合。

（4）过程控制

如分包商在进度、质量、安全方面无法满足分包合同的要求，总承包商有权要求分包商在收到书面指令后n天内退场。

严格审核分包商的施工方案，把握“无方案或者方案不合格就不能施工”的原则，公司提前同分包商做好施工图纸技术交底，指出施工质量控制的难点和重点，使施工方案有的放矢，不流于形式。

做好分部分项工程的验收，验收结果与进度付款挂钩。若验收不合格，相应工程付款就不予以计量。

从制度上加以规范。现场建立NCR（Non-Conformity Report）机制，对于各质量问题，要求分包商在规定日期内完成整改，整改的情况与付款挂钩。项目部每周更新NCR状态清单，监理人员加大跟踪和监督力度。

对于交叉作业部分，各专业提前沟通，制定详细的施工方案，各区域实际开工时间尽可能提前，准备工作做充分。

第五章　施工部署

Chapter 5　Construction Management

第一节　项目目标管理

（一）项目总体目标

保加利亚代夫尼亚项目，是中材建设第一次在欧盟国家承建的完整EPC项目。项目合同内容涵盖从矿山石灰石破碎至熟料输送的设计、采购、土建工程、机电安装工程、调试、试运转、培训及性能考核的全过程服务。该工程项目是中材建设采用中国设计、中国人管理的本土化模式在欧盟国家完成的第一个水泥熟料生产线总承包项目。

工程伊始，中材建设就确立该项目以争创“鲁班奖”为目标。无论从项目的实施规划，还是项目实施中的各项质量保证措施、技术创新、新技术应用推广等方面，均以“鲁班奖”的质量标准严格作为项目实施的标准和要求。工程主要技术经济指标处于国内同行业同类型工程领先水平，使用单位满意，经济效益与社会效益显著。

（二）进度控制目标

本项目涉及老厂改造施工、本土化实施，相关方众多，建设周期较长，不确定因素多，在施工过程中，工程总体进度会受到各方面影响，目标设置是否正确，以及是否可控，在一定意义上直接决定了项目建设的成败。因此，总体目标管理成为本项目工程施工管理中重要的工作内容。本项目工程目标的设置，以客户的合同文件以及公司的内控指标为主要依据，工作任务和目标明确化，建立目标体系，统筹兼顾进行协调，在执行过程中加强过程监督，及时进行纠偏，努力完成既定目标。

满足合同工期要求，按期向客户交付合格的熟料生产线，总工期26个月。

（三）质量管理目标

根据中材建设ISO9000/ISO14000质量环境管理手册规定，结合建设单位对工程的整体质量要求，本项目施工中制定的质量目标为：单位工程合格率100%，分项工程合格率100%，工程总体质量优良，各项指标达到设计要求。

（四）安全管理目标

死亡事故为零，重大火灾事故为零，重大机械设备事故为零，重大交通事故为零，实现零死亡率指标，安全达标率≥100%。

（五）环境目标

在施工过程中，对噪声、振动、废水、废气和固体废弃物等进行全面控制，控制指标满足合同承诺，危险废弃物分类率达到100%；有毒有害废弃物分类率达到100%；严格控制噪声释放，满足当地法律要求；废弃物、生活垃圾处置率达到100%。

（六）成本目标

工程成本控制在预算以内，以设计图纸和工程量为基础，做好成本分析，通过合理的资金分配和投入，满足现场实施的需求，保证项目的安全目标、进度目标、环保目标以及质量目标得以实现。

第二节　管理机构、体系

（一）管理体系

中材建设有限公司已通过 ISO9001 质量管理体系认证、ISO14001 环境管理体系认证和 OHSAS18001 职业健康安全管理体系认证。认证范围涵盖了工程总承包业务。

项目实行项目经理负责制，与项目经理签订“绩效责任书”，对以项目经理为首的项目团队根据考核责任书实施绩效考核。项目经理作为公司法定代表人被任命为本工程项目上的全权委托代理人，代表公司行使并承担工程承包合同中承包方的权利和义务。项目经理负责按合同规定的承包工作范围、内容和约定的建设工期、质量标准、投资限额全面完成合同项目建设任务。

项目管理是以工程合同所界定的工程项目为对象，从施工准备到竣工结算完结、收回全部工程款项等经济活动全部结束的全过程管理。

项目实行单独核算，全员管理。项目经理部是完成一次性工程项目管理的弹性组织机构，项目经理部的组建及撤销由公司决定。项目经理部的专业经理由公司聘任。专业经理对各专业施工全过程、全方位负责，对施工的质量、进度、安全和成本负责，接受项目经理的领导，在项目上贯彻公司的质量方针，全面履行合同中相关责任和义务。为确保实现目标，各专业经理下又配置如下岗位：

部长（主管）：配合专业经理，负责施工进度、质量、成本的控制，负责施工方案、施工组织的编制或审阅。

施工员：组织和监督所负责作业区域的施工过程，检验工程质量并协助验收，确保负责的工程在进度、质量以及安全控制方面符合预期。

质量员：负责施工过程中施工质量的监督。

资料员：负责施工过程中各种材料的进场报验、使用申请；施工过程中各种资料的收集整理、汇编。

项目考核分为年度考核及项目周期考核。年度考核管理指标的主要内容包括生产管理、经济管理、技术管理、物资设备管理、行政管理。工程项目结束后，根据核定的考核指标完成情况，依据专项奖惩规定进行专项奖惩。

项目绩效责任书主要管理指标如下：

项目收款：按时完成公司依据合同下达的项目收款任务。

工期目标：依据合同按时完成合同各项工程建设。

安全生产：无安全事故。

质量事故：无质量事故。

内部审计和风险内控体系建设：无审计问题。

廉政建设：无廉政问题发生。

顾客投诉：客户满意，无顾客投诉现象。

项目管理体系运行：符合公司关于项目管理体系文件的要求。

（二）项目管理机构

项目组织结构图如图5-1所示。

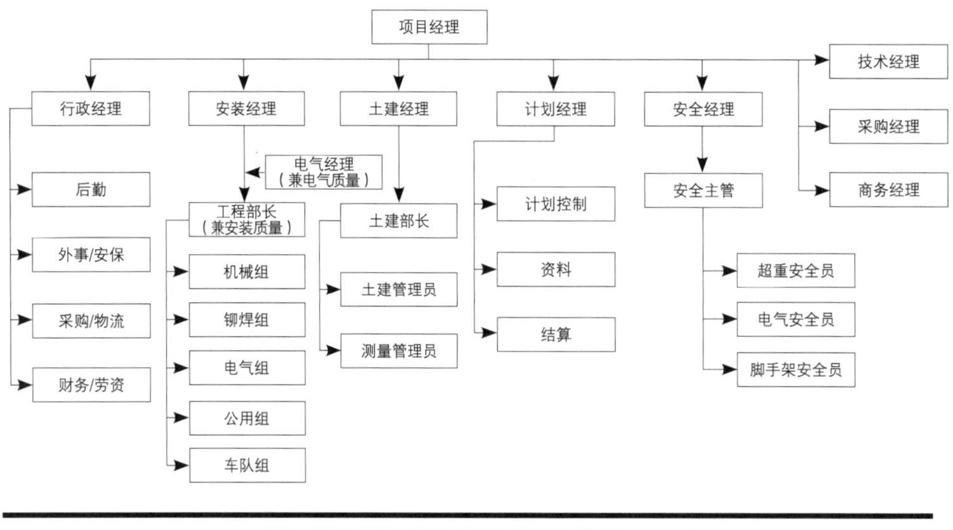

图5-1　项目组织结构图

第三节　施工顺序、流水段划分

（一）施工标段划分

1. 土建标段划分

施工标段的划分（图5-2）是选择招标方式和编制招标文件前一项非常重要的工作。在考虑施工标段的划分上，项目组重点考虑了当地分包商的专业能力、整体工程

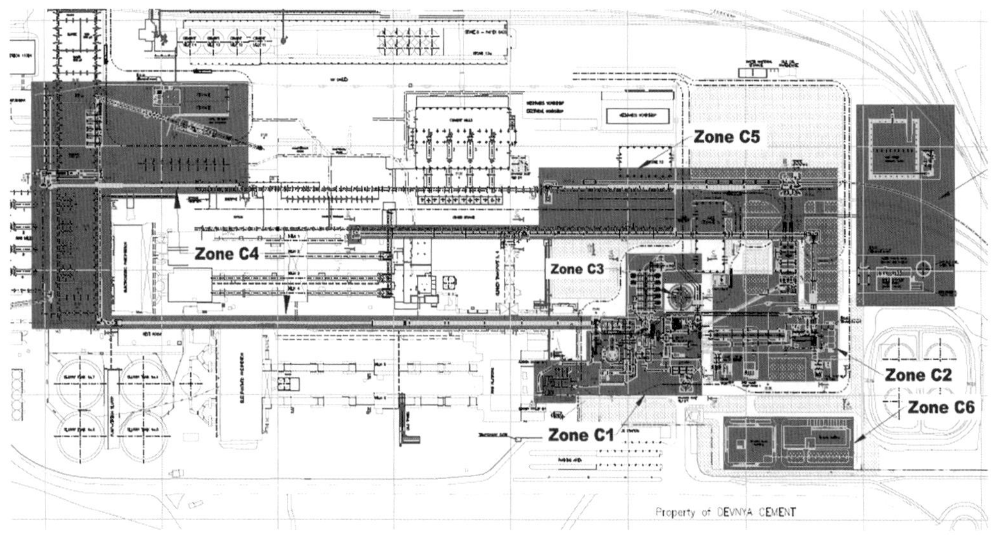

图5-2　土建标段划分

量、工期要求、特殊技术要求（例如混凝土库体的滑模）、工程造价、设计出图时间以及项目管理等因素。整个土建工程划分为8个标段（表5-1）。

土建标段划分 表5-1

标段	编号	构筑物 / 建筑物名称
1 标段	170	原料磨基础
	240	预热器塔架 + 电气室 ER30
	190	工艺收尘器车间 + 电气室 ER20 + 收尘风管
	160	原料磨车间 + 旋风筒
	180	原料磨风机基础
	200	工艺收尘器风机基础
	220	生料库
	230	预热器 ID 风机基础
	280	地下热风管道
	305	回转窑旁路系统
	306	回转窑旁路风机 + 风管基础
	307	回转窑旁路仓基础
	490	煤磨接力风机基础
	500	煤磨风管支架基础
4 标段	70	黏土仓及输送
	75	输送皮带廊支架基础 C4
	80	电气室 ER10
	115	石灰石仓
	120	辅料仓
	130	输送皮带廊支架基础 C5、C6
	140	输送皮带廊支架基础 C7、C8、C9 + 转运站 TT3
	150	转运站 TT4 + 输送皮带廊支架 C10
	380	石灰石输送
2 标段	250	回转窑 + 三次风管基础
	260	篦冷机（地下结构）
	270	篦冷机收尘器
	540	可替代燃料（地下结构）
	545	皮带输送廊 C20
	285	柴油发电机室
	290	电气室 ER40
	300	除多氮化合物装置
	460	分解炉煤粉仓
	470	回转窑煤粉仓

续表

标段	编号	构筑物 / 建筑物名称
5 标段	310	皮带输送廊 C11（地下）
	320	转运站 TT5
	330	皮带输送廊 C12 + 终点转运站
	340	堆棚内出料（从皮带输送廊 C12）
	345	皮带输送廊 C7 + 终点转运站
	346	堆棚内出料（从皮带输送廊 C17）
	365	现有堆棚内熟料卸料仓
	366	皮带输送廊 C18、C19
	370	熟料卸料
	520	冷却塔 + 水池
	530	电气室 ER50
	560	沉淀池
	652	雨水处理系统
3 标段	220	生料库 – 库壁滑模
	220	生料库 – 库壁以外结构
6 标段	570	行政楼
	575	更衣楼
7 标段		重型荷载地面硬化
		轻型荷载地面硬化
		全场的散水
8 标段		所有车间的桩基施工

2. 机械标段划分

机械部分一共分为7个施工段（表5–2），其中，主生产线分为M1~M5共5个工段，这5个工段可以分开同时施工。另外，公用系统以及筑炉保温随各车间的施工情况顺序进行（图5–3）。

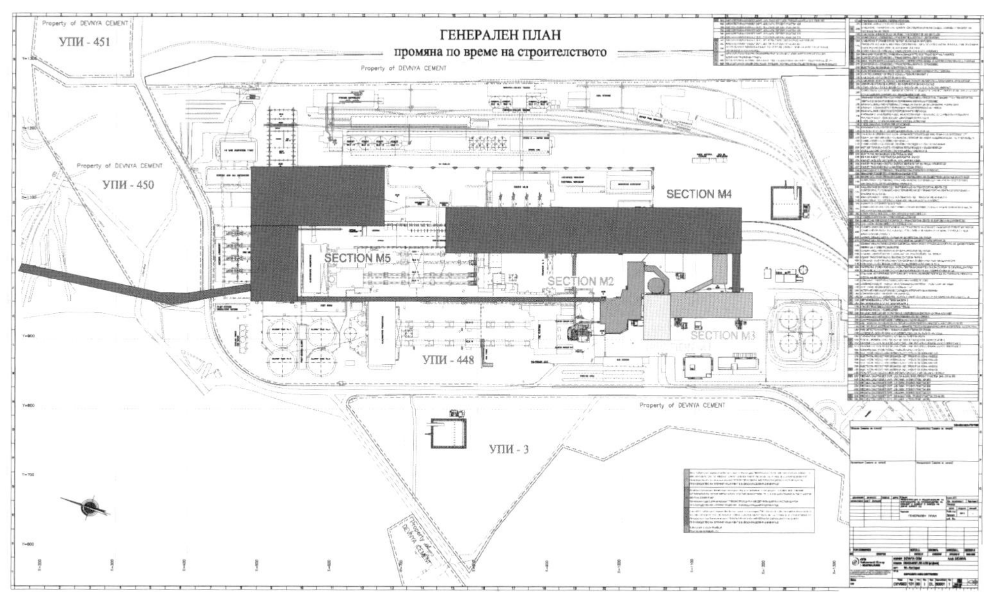

图5-3　机械标段划分

机械标段划分　　表5-2

专业划分	机械标段名称	分包商来源
M1	预热器塔架	国内分包商
M2	原料磨、窑尾废气处理	国内分包商
M3	回转窑、冷却机	当地分包商
M4	熟料输送及散装	当地分包商
M5	原料准备至磨喂料	当地分包商
公用系统	公用系统	当地分包商
筑炉保温	筑炉保温	当地分包商

3. 电气标段划分

电气施工区域的划分以新建电力室为原则，施工范围为本电力室的供电区域以及本电力室内的施工（图5-4）。全场共划分为5个区域（表5-3）。

电气标段划分　　表5-3

标段代号	电气标段名称	分包商来源
E1	原料联合储库	当地分包商
E2	原料输送、原料磨、工艺收尘器	当地分包商
E3	窑尾、窑	当地分包商
E4	篦冷机及熟料输送	当地分包商
E5	公用系统、中控室、垃圾处理	当地分包商

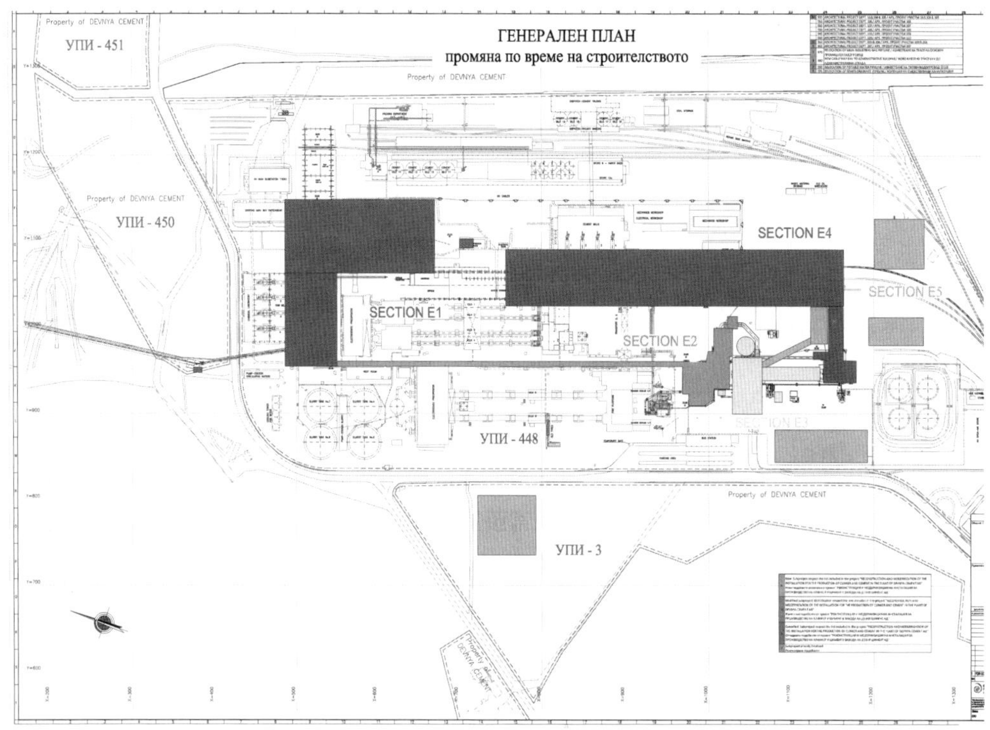

图5-4　电气标段划分

（二）施工顺序设计

施工顺序按照以下原则设计：

（1）依据合同约定的施工顺序安排，如重点工程、难点工程、控制工期的工程以及对后续影响较大的工程确定先开工。

（2）按设计图纸或设计资料的要求确定施工顺序。

（3）按施工技术、施工规范与操作规程的要求确定施工顺序。

（4）按施工项目整体的施工组织与管理的要求确定施工顺序。

（5）结合施工机械情况和施工现场的实际情况确定施工顺序。

（6）依据本地资源和外购资源状况确定施工顺序。

依据上述几点通盘考虑，动态地确定合理的施工顺序，在不增加资源的条件下，加快施工进度，具体施工顺序设计如下：

土建：全场桩基工程（包括静载实验）→ 工艺车间（优先施工安装周期长的车间）→

非工艺车间 → 地面硬化。

机械：根据土建施工完成和移交情况进行施工，保证施工的连续性。

电气自动化：配合机械施工，保证施工的衔接。

第四节　管理风险分析及对策

（一）施工管理的外部风险分析及对策

施工管理的外部风险分析及对策如表5-4所示。

施工管理的外部风险分析及对策　　表5-4

风险类别	风险分析	对策
政治风险	总承包商不熟悉保加利亚当地法律和法规	同当地律师事务所和咨询公司建立合作关系，由他们提供相应的法律法规的咨询，服务于工程
	保加利亚法律的变化	由当地律师事务所或咨询公司提醒各类对项目工期和成本有影响的法律变更，并提供相应的证据文件
	签证问题、中方人员稀缺	1）由于人员签证难度大，进入困难，可考虑多使用当地人力资源，协助管理，因此内部体系必须本土化和国际化； 2）项目部内部文件尽量使用中、英文，使当地工程师可以更多地参与到项目管理工作中； 3）加大对当地工程师的培训，对于公司内部的作业指导以及方案必须发放到当地管理人员手中，严格执行； 4）在对当地工程师、班组长进行管理的时候，非质量进度付款方面的事情可全部安排去做；对于有一定能力的，可循序渐进地安排
环境风险	保加利亚冬季可能发生雪灾	1）混凝土搅拌站建设在厂区边界上，避免由于大雪而中断外界预拌混凝土的供应； 2）编制冬期安全施工方案，获得客户和监理公司批准

（二）施工管理的内部风险分析及对策

施工管理的内部风险主要为合同风险和技术风险，前文已述，此处不再展开。

第五节　施工准备

（一）施工执行策略

1. 设计

项目的设计管理采用设计总负责人负责制，设计总负责人负责此项目的工程设计和设计管理工作。

2. 设备采购

（1）设备采购规划

为了便于现场服务以及使用申报，电梯、消防等需要的特种设备从当地采购。

未限定原产地的供货商，为便于管理，优先考虑从合格供货商的国内代理或生产商采购。

（2）材料采购规划

钢板等材料：经综合考量，决定从当地采购。

保温棉：发运容重比大，海运成本较高，考虑当地采购。

3. 物流策划

（1）欧洲设备发运

通过FOB交货至指定港口，然后通过海运发送到保加利亚瓦尔纳港口，通过30km内陆运输到现场；或通过CFR直接交货至现场，主要为陆路运输。

根据项目经验，海运至瓦尔纳港口比陆运价格较为便宜；陆运不能经过塞尔维亚。

（2）国产设备发运

国产设备及材料通过散货船与集装箱结合的形式发运，到达保加利亚瓦尔纳港口后，通过内陆运输发运到现场。

（3）考虑到集装箱发运价格较高，因此除部分电气设备、备品备件以及浇筑材料采用集装箱发运外，剩余电气设备、机械设备及钢结构等主要由两批散货船发运。

4. 人力资源配置及规划

保加利亚劳工政策配比为1：10，即雇佣1名中国员工需要聘用10名当地员工。 考虑到中国员工的工作签证不易办理，前期仅通过客户申请到200人的配额，且中国员工的综合成本较高，经过考察，当地劳动力市场充足，且普工的劳动力成本相对较低，大部分人力考虑从当地招聘。

5. 大型机具配置

主要利用本土资源进行施工，如塔式起重机、吊车等施工机具。分包部分由当地分包公司根据情况需要自行配备或进行租赁；我方所需机具从当地市场租赁。

6. 分包策划

基于200个中国员工的工作签证，各施工专业的分包策略如下：

（1）土建和电气安装分包策划

施工采用完全本土化，即最大限度地利用当地的施工队伍、施工材料、施工机具和项目管理经验。

（2）机械安装分包策划

预热器塔架、窑尾废气处理（原料磨、收尘器）、回转窑、冷却机等重点区域的部分施工任务由国内分包商承担；对于部分废气处理、原料准备、烧成段、熟料输送及散装区域，可以进行本土化操作，由当地分包商进行施工。

（3）钢结构制作

按主合同要求，钢结构型号及材质均须满足欧洲标准，采用欧盟型材制作，不能使用中国型材在国内制作。通过工期成本等方面的比较分析，最后制定指导方针如下：部分大型型钢，在国内用欧标板材焊接制作；其余小型型钢在欧盟当地进行制作分包。

保加利亚当地公司制作能力不强、产量不足，因此需要多家制作分包商同时制造，以保证时间进度。最终，分包到15家公司进行钢结构制作，其中罗马尼亚3家、匈牙利1家、保加利亚本地10家、德国1家。

经过多轮制作厂家的筛选以及制作比较分析，项目部对当地及周边国家的钢结构制作资源有了一定程度的了解和掌握。

（4）非标管道制作

由于工艺非标、圆形料仓等非标件容重比较高，且体积较大、运输不方便，若采用国内制作的方式，其运输费用、制作费用比当地制作价格稍高，因此都选定保加利亚当地制作厂进行分包。

小型非标设备、方形料仓在国内制作并发运到现场。

（二）施工队伍选择

现场的施工准备工作，主要是选择合适的施工队伍，要求其按照设计文件、技术和质量要求，安全并如期地完成工程任务。通过客户推荐、现场考察、招标以及合同谈判等方式，最终引进分包商。

1. 分包商的选择

项目组在项目前期一共接触保加利亚及周边国家共计一百多家分包商，通过多轮大规模、广范围的招标投标，掌握了保加利亚当地安装的基本价格水平，并通过各方面的考察，列出合格施工队伍的“短名单”。

2. 分包合同的编制

根据与客户的主合同条款，项目组草拟出安装分包合同模板，并借鉴中材建设在其他项目中的经验，避免了由于设计、土建施工、制作、设备等问题带来的额外工作风险。

（三）施工计划编制和保障措施

根据项目进度管理目标、施工总进度计划和施工方案，编制了三级施工进度计划。

影响施工进度的因素很多，最常见的有设计图纸因素、设备制造和运输因素、气候因素、机具因素、材料因素、施工组织因素等。根据不同的施工进度影响因素，做出不同的保障措施。具体保障措施如下：

1. 设计图纸进度保障措施

在项目开展初期，项目组已编制详细的图纸设计日期。当图纸设计影响到施工时，根据现场进度，提前反馈到设计部门。项目组对图纸到现场的具体日期做出硬性要求，并上报相关领导。如果是因图纸在审核过程中出现延误，可与客户图纸审核人员沟通；为减少审核过程中设计和审核的交流时间，可通过专门的协调会或请客户图纸审核人员和我方设计人员到现场以边设计边审核的方式完成急需的图纸，以保障现场施工的进度需要。

2. 设备制造和运输保障措施

设备制造和运输周期是影响整个项目施工进度的重要因素。为此项目组在设备采购合同中明确了设备制造和运输周期，并时时跟踪设备动态。当设备影响到施工进度时，项目组派专人到厂家解决问题，或者在必要时在本地选择替代厂家，以保证施工进度的顺利进行。

3. 气候保障措施

本项目施工所在位置的气候属于多雨、潮湿、多雾地区，施工的气候条件一般。每年7~9月份是雨季，雨期施工是难免的。因而，当气候影响到施工进度时，项目组重点保障雨期施工的可行性和安全性，并做好夜间施工的准备。同时，夏季来临时，做好施工人员的防暑降温也是保证施工进度和安全的重点。冬季来临时，雨雪较多，影响高空作业，因而塔架、库顶施工作业安排尽量错开冬季。

4. **机具保障措施**

影响施工进度的施工机具主要为大型、专业性的施工机具，为此项目组在项目初期对需要的大型、专业性施工机具进行统计，同时编制进出场日期。并在施工布置总平面图上规划出塔式起重机、制作场等的位置。在吊装机具的调配方面，项目组利用本地的资源，采用临时租借的形式满足现场需要。

5. **材料保障措施**

影响施工进度最多的施工材料主要为施工主材，如土建工程的钢筋、水泥，制作工程的钢材等，这些材料受市场行情影响较大。项目组在项目初期，对项目周边的建材市场进行调查，寻找可靠的供应商。同时，依托公司采购部，保障施工材料的供应。

6. **施工组织保障措施**

根据项目工程量，项目组按专业对现场施工进行划分，健全项目管理组织结构，并配备具有足够能力的施工管理员和施工班组。当在施工过程中某一子项目工程或单位工程的进度达不到整体施工进度计划要求时，项目组采取增加施工人力、物力或更换施工班组的措施，来保障施工进度。

（四）施工临时设施建设

施工临时设施的建设，主要包括现场办公室和搅拌站的建设。由于项目现场周边地区的现有搅拌站质量管理落后且供应量无法满足施工要求，本工程引进了第三方搅拌站（产量90m^3/h），集中供应商品混凝土。

1. **生活区临建**

在项目附近租赁房屋，总共两栋连体楼。

其中每栋每层有三个单元：

第一个单元，1个三人间，1个餐厅加单人间，1间厕所，1间浴室。

第二个单元，2个三人间，1个餐厅加单人间，1间厕所，1间浴室。

第三个单元，3个三人间，1个餐厅加单人间，2间厕所，2间浴室。

位置：距离水泥厂6km，6min车程，位置相对比较安静。

配置：装修较好，床及床垫均有，每个房间均带电视、电暖器，但无空调。

2. **临建办公**

临建办公室位于厂区大门对面，采用集装箱模式，共两层。共76个集装箱，分客户和中材建设两个独立办公区。办公室家具从国内发运。

布置方案见图5-5。

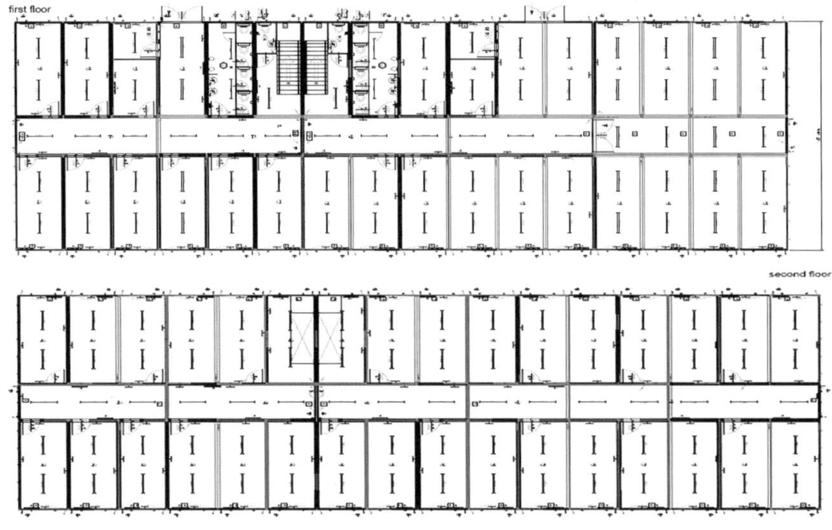

图5-5　现场办公室布置

第六节　组织协调

（一）与客户、监理的沟通与协调

及时、准确、高质、高效地同客户、监理沟通协调施工中出现的各种问题，对于推进项目进度的作用越来越重要。

在本项目中，与客户、监理的沟通方式，包括一对一的沟通、一对多的沟通、多人之间的沟通。沟通的形式涉及口头或书面沟通、详细或简单沟通、正式或非正式沟通。有效的沟通形式不仅包括声明和书面报告等正式形式，也包括讨论等非正式形式。最普遍的沟通方式主要是会议沟通，如开工筹备会、周例会、月例会、月进度审查会、变更索赔谈判会等，会议是解决项目执行过程中出现的问题的最佳途径。此外便是往来信函，书信记录和确认了一些重要的工作内容，便于日后作为依据查证。提前确定好具体的沟通思路并做好充分的准备，便于提高沟通的有效性，缩短工作流程，加快解决问题的速度。

（二）与设计方的沟通与协调

本项目的结构设计采用欧洲标准，主要构筑物和建筑物委托给了欧洲的设计院（西班牙BAKKEN，德国PUL）以及保加利亚当地的设计院（AVT、CEAS、EQE）。设计文件的发布、保加利亚第三方机构的审核、现场施工过程中的符合性检查，都对现场各个车间的施工进度产生重要影响。因此，加强与设计方的沟通和协调，有助于提高项目组与设计院之间的相互信任，培养合作伙伴关系，及时解决现场实际问题，促进设计优化和降低成本。在实践过程中，为了推进设计进展，土建管理人员与设计方进行了高频次的交流，邀请设计方代表驻场，提高沟通效率。本项目的成功履约，有助于促进总承包商与设计方形成长期的战略合作伙伴关系，共同拓展更大的国际市场。

（三）与分包商、供货商的沟通与协调

分包商、供货商的履约能力影响着总承包商对客户的履约，因此十分有必要与分包商、供货商构建有效的沟通框架。

1. 建立组织协调机构

建立以现场经理为主导、各专业经理配合的组织协调机构，遇到工程工期紧、涉及专业多、施工队伍多、施工要求高等情况时，该机构对整个工程进行协调管理，对整个建筑物的施工质量、进度、安全、文明施工、和谐施工与绿色施工负有协调管理的责任。为此，中材建设对所有的分包单位都加强协调管理，使项目利益成为参与单位的共同利益，大家全力以赴，共同向建设单位交付一个满意的工程。

2. 工程施工进度协调管理

制定完善合理的进度计划，明确各专业分段界面及各个专业、各个工序的进场工作次序或安装次序、施工时间、施工周期、工程完成退场的时间。组织审查落实所有施工单位制定的工程进度计划、分阶段计划和月进度计划，并报客户备案。工程进入施工阶段后，对于总进度计划，必须由各个施工单位进行细化分解，落实到每个月、每一周、每一天的工作。

进度计划由中材建设统一协调安排。各种施工的有关事项和各种施工指令，均由公司统一协调签发、安排，并及时跟踪所有施工单位的进度情况，对进度出现滞后情况及时进行分析、协调和调整。

3. 施工现场和交叉作业协调管理

协调解决施工场地与外部联系的通道与道口，满足施工需要，保证施工期间的顺利畅通。协调施工场地与客户、外围的关系，确保工程的顺利进行。

根据工程施工的各个阶段，设计相应的施工平面布置图，满足不同施工阶段的需要。各个施工单位如需使用施工场地，必须提前一周向公司提出申请报告，申请报告写明用地的大小、用地的要求、使用的时间等，经项目部统一规划调配批准后方可使

用场地。

对各个分包工程施工的前提条件进行核查，为各个分包工程创造包括施工场地、工作作业面、测量放线、脚手架、垂直运输设备、临时用水用电等一系列的施工条件。

对于施工中存在交叉的工序，在施工前由公司项目部组织开工前的协调会，争取把大部分可能存在的问题提前解决。

进入钢结构、机电设备安装、精装修和弱电系统的安装阶段时，由于工作极其繁忙，各专业交叉施工的情况随处可见，此时，重点协调好各专业的施工次序和垂直运输等问题，确保施工安全和工程工期。

对于各专业的管线等空间上存在交叉、穿插关系的施工部位，重点协调好有可能产生的标高、轴线上的矛盾，并解决好施工的先后顺序问题。对于各种管线的交叉，采取计算机三维模拟的方式，将出现矛盾的可能性降到最低。

第七节　施工布置

（一）布置原则

（1）施工平面布置应严格控制在建筑红线之内。

（2）平面布置要紧凑合理，尽量减少施工用地。

（3）尽量利用原有建筑物或构筑物。

（4）合理组织运输，保证现场运输道路畅通，尽量减少二次搬运。

（5）各项施工设施布置都要满足方便施工、安全防火、环境保护和劳动保护的要求。

（6）在平面交通上，要尽量避免土建、安装以及其他各专业施工相互干扰。

（7）符合施工现场卫生及安全技术要求和防火规范。

（8）现场布置有利于各子项目施工作业。

（9）考虑施工场地状况及场地主要出入口交通状况。

（10）结合拟采用的施工方案及施工顺序。

（11）满足半成品、原材料、周转材料堆放及钢筋加工的需要。

（12）满足不同阶段、各种专业作业队伍对宿舍、办公场所及材料储存、加工场地的需要。

（13）各种施工机械既满足各工作面作业需要，又便于安装、拆卸。

（14）实施严格的安全及施工标准，争创安全文明工地。

（二）布置内容

（1）拟建的建筑物或构筑物，以及周围的重要设施。

（2）施工用的机械设备固定。

（3）施工运输道路。

（4）水源、电源、变压器位置，临时给水排水管线和供电、动力设施。

（5）施工用生产性、生活性设施（加工棚、操作棚、仓库、材料堆场、行政管理用房、职工生活用房等）。

（6）机械站、车库。

（7）安全、消防设施。

（三）布置步骤

布置步骤为：场外交通的引入（铁路运输、水路运输、公路运输）→仓库与材料堆场的布置→加工厂布置→内部运输道路布置→行政与生活临时设施布置→临时水电管网及其他动力设施的布置。这里重点解释下场外交通、仓库与材料堆场及内部运输道路的布置。

1. 场外交通的引入

设计施工总平面图时，首先应从研究大宗材料、成品、半成品、设备等进入工地的运输方式入手。本项目大批材料是由公路运入工地，由于汽车线路可以灵活布置，因此，一般先布置场内仓库和加工厂，然后再布置场外交通的引入。

2. 仓库与材料堆场布置

本项目采用公路运输，仓库的布置较灵活。中心仓库布置在工地中央或靠近使用的地方。砂石、水泥、石灰木材等仓库或堆场布置在搅拌站、预制场和木材加工厂附近。

3. 内部运输道路布置

根据各加工厂、仓库及各施工对象的相对位置，研究货物转运图，区分主要道路和次要道路，进行道路的规划。规划厂区内道路时，应考虑以下几点：

（1）合理规划临时道路与地下管网的施工流程。在规划临时道路时，应充分利用拟建的永久性道路，提前修建永久性道路或先修路基和简易路面，作为施工所需的道路，以达到节约投资的目的。

（2）保证运输通畅。道路应有两个以上进出口，道路末端应设置回车场地，且尽量避免临时道路与铁路交叉。

（3）选择合理的路面结构，场内支线选用土路。

（四）各施工阶段施工现场平面布置

工程施工现场平面图布置根据施工的各个阶段，分别布置，以满足各阶段工作对施工现场的要求。

1. 土方施工阶段

本阶段为施工的起点，其特点是大型机械数量较多，土方外运工作量大。需考虑到现场地理位置与施工的实际需要。

2. 基础施工阶段

本阶段的施工特点是有大量施工材料进场并在现场内调度。如果说土方阶段为“向外运”，那这个阶段可以叫作“向里搬”。现场使用泵车输送混凝土。

钢筋加工场地、钢筋原材料场、钢筋成品料场、模板料场、脚手架料场、周转材料料场和机电成品料场，应按三个区域分别布置。

3. 地上施工阶段

本阶段与上一阶段“基础施工阶段”的施工特点基本相似。不同的是，这一阶段对施工材料的需求量更大。

因考虑到工程工期紧张，现场需要布置多台塔式起重机，满足所有工作面均在塔式起重机范围内。塔式起重机之间错高布置，并与周边已有的建筑物保持必要的安全距离。待砌筑工程完工后予以拆除。

4. 机械安装阶段

此阶段大量设备材料进场且大量吊装，需配置一系列的塔式起重机以及汽车式起重机，并需合理规划组织吊装区域。

5. 电气安装施工阶段

此阶段施工主要在室内进行，对零星材料需求量加大，单体重量较大的设备材料已经全部运输到位。

6. 竣工验收阶段

此阶段拆除所有临时设施，现场设流动保安，负责警戒看护。全部室外工程完成，满足建筑物的正常使用。

第六章　主要管理措施

Chapter 6　Main Management Measures

第一节　工程计划管理

项目采用PDCA管理模式并借助计划管理软件Primavera P6进行项目总体计划的控制，并以此为依据进行项目各专业的总体协调。

（一）进度管理原则

项目进度计划控制的方法是以项目进度计划为依据，在实施过程中对实施情况不断进行跟踪检查，收集有关实际进度的信息，比较和分析实际进度与计划进度的偏差，找出偏差产生的原因和解决办法，确定调整措施，对原进度计划进行修改后再予以实施。随后继续检查、分析、修正；再检查、分析、修正……直至项目最终完成。

（二）项目目标计划

1. 工作分解结构WBS的分级

主合同中关于项目工作分解的界定如下，5级WBS以下才是一项项的施工任务：

第1级：车间（如原料磨系统、回转窑系统等）。

第2级：EPC步骤（设计、供货、施工、调试）。

第3级：专业（如设计分为工艺、土建、钢结构、电气、自动化；施工分为土建、机械、电气、筑炉、保温、彩板、管道等）。

第4级：车间下面小子项（如原料磨系统中土建专业下的磨基础、喂料楼基础、热风炉基础等）。

第5级：每个小子项的工作包（如塔架钢结构施工第一层、第二层等）。

2. 计划编制的要求

根据主合同要求，需按照主合同计划进行逐步分解，分解至第3、4、5级，且最后第5级需细化至15天的工作，需逐层递交客户审核批准，最终第5级完成后，即作为项目总体目标计划（图6-1）。

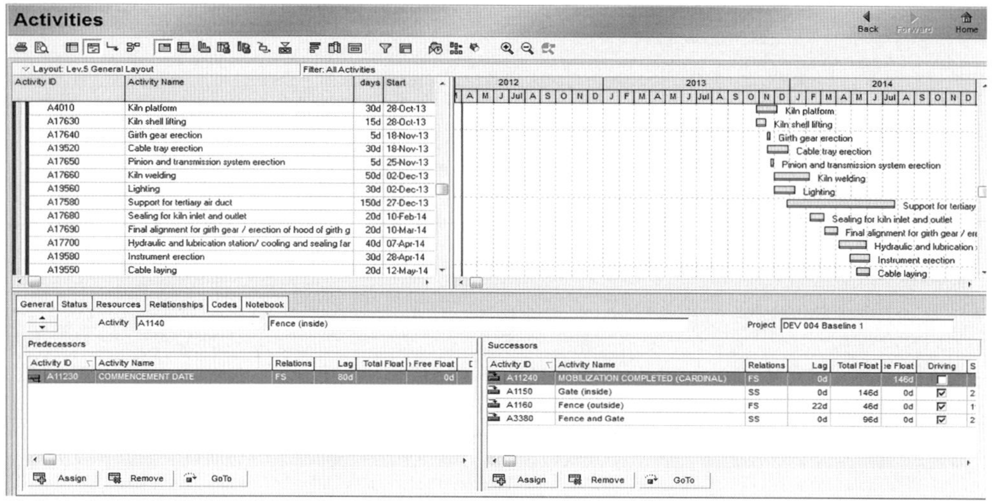
图6-1　目标计划

经过项目全员努力、长时间的数据收集以及系统软件工作，第5级项目总体目标于2013年2月19日完成并投入使用。

（三）进度计划跟踪

确定项目总体目标计划后，每个月收集实际各项工作完成情况等信息，其数据输入至P6系统中，这样会自动生成更新的计划，同时将更新的计划与原有的基准线进行比较。若发现偏差，则需通过计划调整（调整人料机以及工作搭接）来解决问题；若偏差严重，则可能需要调整目标计划（图6-2）。

（四）项目进度曲线

通过界定各项工作的权重，统计其每个月的理论完成比例以及实际完成比例，可以得出项目进度曲线的理论和实际对比（图6-3），即直接得到项目的进度偏差情况。

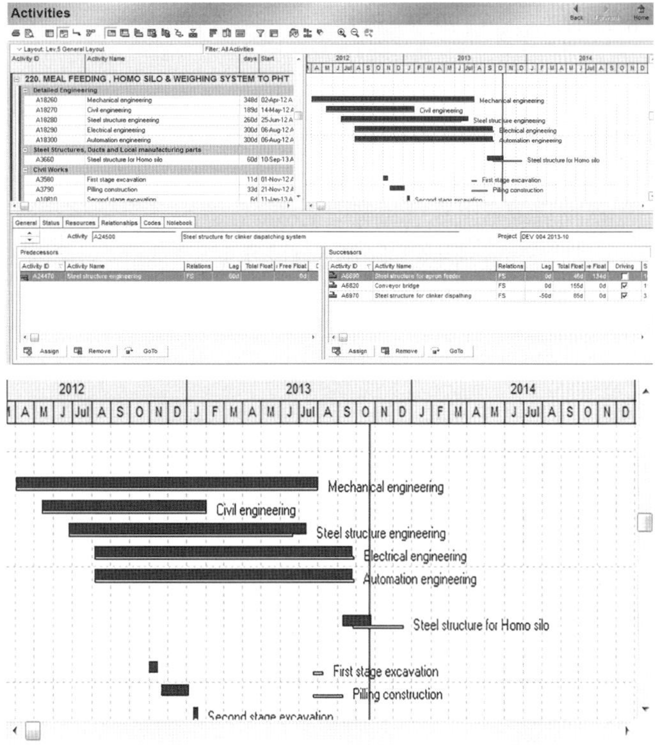

图6–2　进度计划追踪

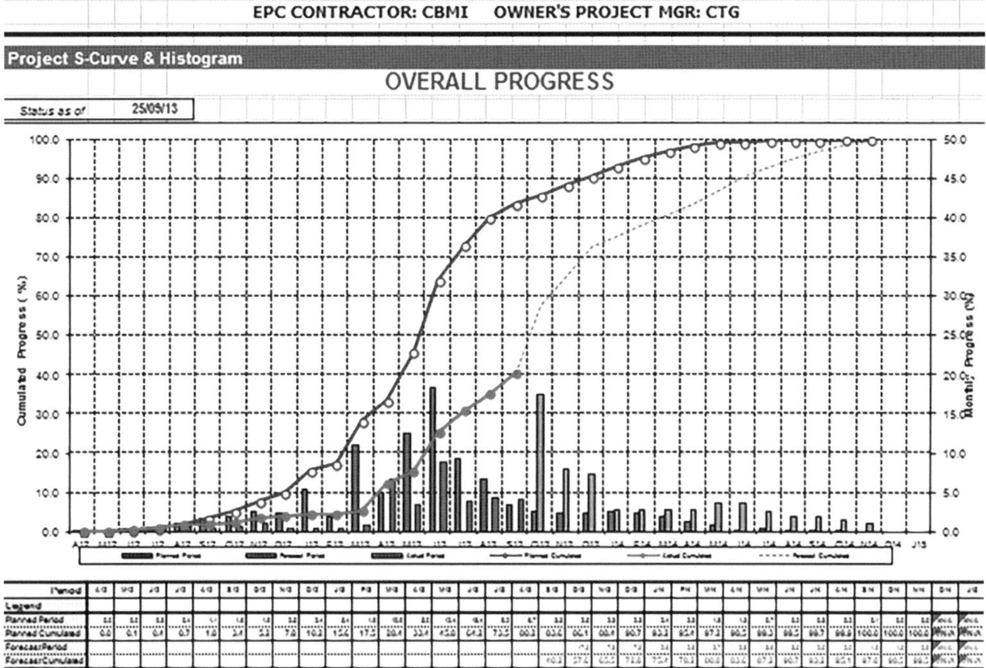

图6–3　项目进度曲线

第二节　工程商务管理

（一）合同管理

合同管理是工程项目管理的核心，贯穿项目始终和各个方面，对整个项目的实施起着控制和保证的作用。随着市场竞争的日益激烈，合同条件日益苛刻，合同利润逐渐减少，合同风险不断增加，更需要不断加强合同管理。

合同管理贯穿于整个工程的全过程，从项目合同签署之前的考察、招标投标、合同评审，到合同签署之后执行阶段的跟踪管理，包括商务实施策划书编制、保函开立、保险采买、工程款回收、合同变更与索赔管理、合同总成本测算，直至项目收尾阶段与客户的结算。以下主要介绍合同管理在不同阶段的具体工作内容。

1. 投标阶段

（1）前期考察

签署EPC工程总承包合同之前，首先需要对项目信息进行收集、筛选，对客户的资质、项目的资金来源等进行调查研究。在对项目立项等情况有了基本了解之后，第一时间组织专业人员到项目现场进行实地考察，调查了解项目所在地的人工、材料价格和供需情况，了解当地物价水平，并与当地建设主管机构、税务部门、会计师事务所、律师事务所等进行咨询，了解项目所在地的施工资质、劳工政策、法律法规要求。这是规避项目风险的第一步。

（2）投标文件编制

合同管理中很重要的一个环节，就是在合同签署之前对招标文件进行认真研究，针对合同价款、付款方式、付款条件、罚则、质保金等条款进行认真解读。这是投标文件编制和合同组价的重要依据，也是合同签署的前提条件。

本项目签约前，及时办理完成了项目投议标许可，并在中标后第一时间办理了保加利亚施工所必需的一级施工资质，以及公司在保加利亚的分支机构（分公司）的注册工作，为合同签署后第一时间开始项目实施工作做好了各项准备。

2. 合同签署后

合同签署后，需尽快组织合同交底，对于项目概况、合同关键条款以及重要事项等进行合同交底，以便公司管理团队、公司各职能部门以及项目执行团队对项目基本事项和重点事项予以了解和关注。同时，全体项目参与人员（包括设计人员、商务人员、采购人员、物流人员、工程管理人员）均需认真研读合同，分析合同条款和合同风险，积极落实各自所负责的工作内容和相关部门之间的衔接工作，第一时间予以推进落实。

签约之后按照合同生效条件，支付预付款条件等，及时开立预付款保函，履约保函，办理工程保险，确保合同生效以及预付款的及时回收。这也是合同商务管理的重点。

（1）收付款管理

工程款回收作为合同管理最重要的一项工作，是项目顺利实施的经济保障。根据合同付款条件编制项目资金需求计划和工程款回收计划表，按照合同条件以及工程进度，按时提交请款报表，并与监理和客户完成请款确认，确保工程款项按照合同付款条件及时支付。

（2）保险管理

工程保险管理也是合同管理的一个环节。按照合同规定的承包商义务，及时开立承包商所负责的各项工程保险，本项目合同下承包商负责工程一切险、第三者责任险、职业责任险、人员意外伤害险、运输一切险等。应及时向客户以及分包商索要各自所负责的工程保险副本，以便核实各自是否及时而准确地履行了合同保险义务，并将相应风险都控制在保险范围之内。

（3）变更和索赔管理

变更和索赔管理也是合同管理的主要工作内容之一。变更和索赔管理涉及技术、商务、法律、工程管理等多方面的知识，除需要具有很强的索赔意识，还需要具有很强的专业知识以及谈判技巧。项目全体人员都应树立变更及索赔意识，重视变更及索赔工作。在合同执行过程中，针对设计变更、技术标准变更、材料代换、施工技术方案变化、施工顺序变化等各种变化，及时发现变更和索赔机会，注意收集和积累证据，在客观、公平、合理的基础上，有理有据地分析变更和索赔事件的原因和合同依据，及时提交变更和索赔申请。好的变更和索赔管理，对于解决合同争端和赔偿问题、提高合同毛利率具有非常重要的作用。

（4）成本控制管理

EPC工程项目合同价格是固定的，项目成本最终决定着项目利润。成本管理是EPC项目管理的主要内容，是实现利益最大化的关键环节，贯穿于项目管理的整个过程。成本控制需从源头抓起，在投标报价阶段，通过争取有利的合同条款和合同价格，是成本控制最有效的途径。在制定项目实施策划阶段，通过优化设计方案，统筹安排人、机、材等资源，达到节约成本的目的。在项目实施阶段，通过制定合理的施工方案，协调好人、机、材的应用，达到缩短工期的目的，从而节约成本。在项目完工结算阶段，及时结算项目成本，梳理变更单和工程量的确认单，与客户进行变更协商，争取将变更也作为一项收入。

总之，在整个项目的管理过程中，必须将合同管理作为一项重点，对工程项目进行全面、及时、准确和有效的管理，才能促进项目管理系统的高效运行，保障项目的良好经济效益。

（二）财务管理

代夫尼亚项目作为中材建设在保加利亚的首个EPC总承包项目，新的地域，新的环境，所适用的法律、法规等均和以往不同，为了尽可能地规避法律风险，公司聘请了熟悉当地法律法规、税务规则的专业会计师专职处理账务事宜，并聘请了知名会计师事务所KPMG，为项目的会计处理、税务和法律方面事务提供指导，并进行月度合规性审查，编制和申报年度财务报表和各项财务报告，进行年度企业所得税编制、审查和申报等，确保项目的各项财务操作合规合法。在项目执行过程中，关于财务管理有如下经验分享：

1. 会计准则

保加利亚自从2003年1月1日加入欧盟，引入了国际会计准则，到2005年，要求所有的公司均采用国际会计准则作为财务处理依据。公司的基础会计资料应以保加利亚语、阿拉伯数字、保加利亚货币单位记录保存。收入及成本的发生，应遵循权责发生制原则。

2. 报表审计

达到下列指标的公司，财务报表必须经过审计：①到当年12月31日止，资产的价值在150万列弗以上；②年度销售净收入达到250万列弗；③年度平均职工人数在50人以上。满足以上任一条件的纳税主体，最晚需在第二年的6月30日前完成审计。

3. 主要税费

（1）增值税

任何收入超过5万列弗或者经营超过12月的公司均应该在国家税务局注册增值税税号。增值税最长抵扣期为一年。每月14日前缴纳。每月应提交月度销售和采购汇总表、销项和进项收入、增值税明细表及发票原件，每月销项减去进项税额后缴纳至国家税务局。每年的4月30日前，再汇总申报年度纳税申报表及缴纳未支付增值税部分。食品及为职工发放的消费品、超过 4 人座的小汽车、柴油及汽油、车辆保养等这些花费的增值税不能抵扣。

（2）企业所得税

申报基本方法是，每月或季度预缴，年终汇总缴纳。第一年按季度缴纳。

第二年缴纳方法：如果第一年有利润实现，第二年缴纳在第一年实现利润的基础上乘以一个系数（这个系数由议会决议），预交数与实际数的差额在次年的3月31日前付清。如果第二年预交数额大于实际应交金额，在下一年度可以抵扣。

所得税年终申报：应在每年的3月31日前，申报并缴纳未支付所得税部分。可由公司自己申报或公司指定代表向当地国家税务局申报。

申报资料：年度财务报表及执行的会计政策文件。对于满足审计规定的公司还要提供审计后的审计报表，如果，在3月31日前未完成审计，则必须在6月30日前完成审计，并提供审计报表及相应财务报告。

申报方法：可以通过申报邮箱，或者网络。

申报时间：季度末，下月初15日前。

缴纳方式：通过银行汇款，或者网上银行划拨。

（3）个人所得税

税率: 10%，适用于保加利亚自然人，及在保加利亚有永久居留地并在12个月内在保加利亚居住超过183天的非保加利亚籍人。

计算方法：工资额 – 个人缴纳保险部分=基数

基数×10%=应交个税金额

每个存在雇佣关系及其他经济活动或者租赁等收入的个人均应在每年的4月30日之前申报个税报表，并且完成未缴纳个税部分。纳税申报表，可以直接交到税务局，或者邮寄，也可以网上申报。申报提供虚假信息或者在4月30日未申报者，给予不低于1000列弗的罚款。

个税缴纳方式支付：可以通过银行汇款及邮局汇款等，但不能缴纳现金或者支票。

（4）社保

进入保加利亚的中国人，除了厨师可以报1000左右列弗外，其他的都是在1500列弗以上，因为保加利亚认为可以在当地聘用人员，其鼓励使用本国人员，所以对于进入门槛要求较高，通常需具备高学历、高执业资质证明，大多是工程师以上，否则签证很难办理。在申请工作签证时，需提供工作人员与中材建设在当地注册公司的劳务合同，其中必须体现工资收入，以缴纳个税、社会保险等。保加利亚签证不应超过1年，允许延期，但不能超过3年。社会保险缴纳时间为每月15日前缴纳至国家税务局。保加利亚法律最低工资标准是240列弗，对于每个行业或工种没有其他明确限制，大致平均工资为司机 800~1000列弗，力工 800列弗，清洁工 300~400列弗，安全员 1200列弗。保险缴纳比率，个人扣（基数不超过2000列弗）12.1%，单位承担（基数不超过2000列弗）16.9%～17.6%。外国员工也必须缴纳。

4. 外汇政策

当地外汇管制较为宽松，国内总部和分公司之间的资金往来，只需要向银行提供一份资金来源声明即可。个人账户的汇出，当汇出金额不超过25000列弗（约合12500欧元）时，须提供一份汇款说明，注明款项收入来源及汇出缘由。

5. 资金管理

财务管理的一项核心内容是资金的管理。资金是项目运行的血液，现金流是项目正常运转的基础条件。保加利亚代夫尼亚项目的现金流问题是该项目财务管理一直以来的头等大事。该项目预付款为合同总金额的5%。预付款比例相比以往项目较低。进度款的付款条件为递交期中请款申请后15天审批，再加上60天支付，共需要75天时间。较之传统EPC总承包项目以及标准FIDIC合同的付款条件，付款周期偏长。且该项目交货条款为DDP，即承包商完税后交货。通常设备发货后，海运1个月左右，货物到达目的港。该项目出现过货物到港后，客户的货款尚未支付到账的情况。除了面临支付厂家设备发货款的资金压力外，还存在DDP缴款条款下，货物到港清关时，承包商需要缴纳大额关税和增值税的问题。只增值税一项即为货值的20%，再加上大约5%的关税，是非常大的一笔开支。这就对承包商的资金管理提出了严峻的考验。因此，项目组需通过合理的财务安排、财务手段，根据项目不同阶段的资金需要统筹好资金规划。

（三）税务管理

境外EPC总承包项目的税务管理和税务筹划是一个全面系统的大工程，需要从项目的设计、采购、施工各个方面入手，结合国内和项目所在国的税务政策，进行全面而细致的筹划，从而达到降低项目负担、提高项目利润的目的。

税务管理的首要特征是合法性。税务筹划的目的，是结合工程建设的实际特点，通过规范税务管理，协调设计采购施工，发现并积极享受国家与国家之间的各项税收优惠政策，控制潜在的税务风险。由于EPC总承包项目涉及国内和项目所在国的税务管辖，并包括了设计、采购、施工等不同业务，不同业务适用税务种类不同，税务管理相对来说较为复杂。

EPC总承包项目的税务管理主要体现在，合同签订前需要进行税务筹划，项目执行期间需要进行税务管理，项目执行完毕注销公司仍需进行税务管理。

1. 合同签署前

项目组首先充分调研和了解了国内以及项目所在国的税收优惠政策，核实两国之间是否签有双重征税协定，通过税收协定，可以避免双重征税。税收协定通常坚持和维护所得来源地优先课税的原则，同时规定在一国完税后在另一国不再重复征税。对于保加利亚代夫尼亚项目来说，中国和保加利亚之间签有避免双重征税协定，EPC总承包项目在项目所在地缴纳的所得税，在国内可以扣减境外已缴纳部分。合理避税是实现项目良好效益的重要手段。

2. 合同执行过程中

由于EPC总承包项目合同金额大，施工周期长，在项目所在国具有一定的影响，很容易成为当地税务机构的关注重点。此外，初到一个陌生的国家，不熟悉当地的税法，因此，项目组招聘了当地有丰富工作经验的专职会计进行日常的财务做账、税务申报工作，并与知名会计师事务所KPMG签订了长期的法律财务税务咨询和服务合同。由当地会计师按时完成税务填报，会计师事务所对税务操作进行专项审查，对不合规之处及时予以改正，确保合规合法。在保加利亚项目执行初期，项目组就聘请了全球知名会计师事务所KPMG，由他们在认真研究了合同之后，针对设计、采购、施工等不同内容所涉及的不同税务种类进行了详细而全面的税务筹划，最大限度地减少了项目的税务负担和税务风险。

3. 项目竣工阶段

项目竣工阶段更需要关注税务管理的合规性和合法性。保加利亚代夫尼亚项目由于在执行过程中一直秉承细致的内部管理以及严格的外部审核审计，因此，各项财务和税务工作均十分正规。在项目完成后，及时完成了各项税务的清缴及财务报表的审计工作，配合税务机构完成当地的税务审计，进而顺利完成了当地分支机构的注销工作。

第三节　人力资源管理

（一）高度本土化的人力资源战略规划

鉴于此项目位于欧盟区域，且保加利亚有特别严格的外国劳工准入管控，项目规划阶段，中材建设即确定了本土化施工的战略方针，也决定了此项目人力资源的高度本土化。良好素质的保加利亚人在项目建设过程中发挥了巨大的作用。

中材建设保加利亚代夫尼亚项目23名平均年龄不到35岁的年轻管理者（图6–4），他们成功地将代夫尼亚老水泥厂改造成一个“特殊的建筑”——它不仅是保加利亚最有影响力、最高、最漂亮的工业建筑，也是工业老区焕发生机的象征。

此项目在保加利亚直接招聘的当地雇员超过200名，包括高级管理人员如土建专业经理、电气专业经理、安全管理员、环保专员、财务主管、劳资主管、行政主管等，以及大量技术工人和普通力工等。

此项目累计培训安全员28人；脚手架工58人，焊工42人；起重工10人；放线测量人员8人；同时培养了大量优秀的安全环保、土建、结构、机械、电气、财务、劳资等各种项目管理人才。这些人绝大部分在项目结束之后找到了很好的职业归宿，如供职政府部门、工程咨询机构、协会、大型施工企业，或直接在水泥厂就业。

图6-5为保加利亚当地聘用的管理人员合影。

图6-4　项目团队

图6-5　当地员工

（二）项目人力资源管理

（1）项目初期即确定了高度本土化的人力资源战略。

（2）设立专岗，由当地人担任人力资源招聘经理。项目绝大多数工人都是公司自行招聘。

（3）建立高效的薪酬管理体系。设立的固定工资+浮动奖金+工龄工资+半年调薪制度，极大地调动了当地员工工作的积极性，更提高了当地员工工作的稳定性和重视度。

（4）设立专门的工资社保专员，专门负责当地工人工资社保的核算发放。

（5）设立岗位提升和培训通道，培养了一大批经认证的安全员、焊工、起重工、脚手架工，也培养了数个高端的财务经理、税务经理，以及高级工程师。

第四节　工程物资管理

高效的物资管理和及时准确的供应，保障了项目的顺利推进。物资管理部负责项目部的物资管理，设有物资主管和物资库管员。

（1）基于整个工程的大宗物资集中采购（包括但不限于板材、管材、型材、保温材料和电材以及工程涉及的耗材），可降低管理和采购的成本。

（2）工程部提交物资需求计划到物资管理部，物资管理部核实物资库存货，提交物资采购计划，由项目经理批准后，提交采购专员进行多方比价采购。

（3）物资到位后及时归类入库，准确记录物资的数量、性能和状态，保管好物资质量说明等。对于化学类、易燃易爆物资和对存储环境有特殊要求（如温度、湿度等）的特殊物资，要按规定分开储存，并配置灭火器、通风装置、温度调节装置等，提供良好的储存环境。对有有效期要求的物资，建立临期提醒制度并及时通报。

（4）设立物资出库记录，对已出库的物资进行清晰追踪，记录所出库物资的种类、名称、规格、数量以及领用人签名和日期等。工程结束时，各种专用工具和剩余物资及时退库。

（5）剩余物资的回收（图6-6），分为材料类、工具类和无再利用价值类。剩余材料可进行分类清点并做记录，为以后启用提供便利。工具类有维修价值的应安排专业人士进行修理并进行测试，达到正常使用标准的进行记录和入库，无维修价值的应上报主管领导批准报废并做好记录。其他对环保有特殊影响的废旧物资如废油、岩棉边角料等，应联系专业人员组织回收和处理。

图6-6　物资堆场

（6）建立物资台账，进行定期盘库，掌握各种物资存量，并进行合理补充。对于采购周期比较长的物资，需工程部门提前报计划采购。

第五节　工程设备管理

以项目进度和工艺流程为指导的工程设备管理是项目高效实施的重要保障。项目初期确立了设备管理以项目进度和工艺流程为指导，从采购、物流、保管三方面入手。项目部设有设备管理部，负责供货设备和施工设备管理。

（1）以工期为指导有序进行设备采购发运，到货后按照工艺流程进行设备堆存入库。

（2）设立台账，定期巡检，进出库管理有序。

（3）每日对设备堆场和仓库进行清点，及时更换设备防护措施。

（4）组建小分队。小分队配置1辆平板车、1辆吊车、2辆叉车、2个可以开吊车的司机、2个起重工、6个力工，由1名当地主管带领，负责项目日常设备物资倒运、集装箱卸货等工作。同时小分队应现场需求，也会经常支援现场建设。

（5）损毁件索赔。针对海运过程中发生的设备损伤，项目部与总部物流负责人密切沟通，并积极与保险公司进行协商，针对第一船出现的货损进行了索赔，提供了详细、极具说服力的修复费用清单，最终获得了27万元的保险理赔款。

（6）CE认证及相关许可。所有进口施工机具具备CE标识及CE符合声明（Conformity

Declaration），这是完成清关的必要条件。所有CE符合声明必须在当地有资质的翻译机构翻译成保语存档。所有大型施工机具抵达现场后，均需在代夫尼亚完成注册，注册完毕后，当地市政府会颁发相应的施工运输许可。

（7）特殊施工机具（不包括卡车）如吊车（大于5t）、挖掘机、混凝土泵车、提升机（电梯）在注册及得到施工运输许可后，还必须通过瓦尔纳的国家技术控制中心检查（State Technical Control）。咨询公司可帮助项目组准备申请资料递交至技术控制中心。申请资料也包括机具操作员的证书。申请递交后，技术控制中心会派专员到现场对特殊机具进行检查，检查合格后，颁发合格证书，并发放检车登记册（Revision Book）。登记册必须一直放置于每台特殊机具上，以备检查员定期检查并在上面登记。当地租赁的特殊机具也需提供类似市政府的许可及相关的国家技术控制中心颁发的合格证书及检查登记册。

第六节　工程质量管理

（一）设计质量管理

为确保设计工作的顺利开展，确保设计图纸的质量，在设计过程中应严格按照设计程序和标准进行质量管理。从各专业设计输入、设计策划、设计输出的每一个工序或环节入手，加强设计过程事前指导和预见、事中控制和监督、事后检验和总结三个环节，优质高效地完成各项设计任务。

1. 编制设计控制计划和管理流程

做好资源配置，从设计到三级校审的人员配置按如下要求执行：

（1）设计：委派具备一定经验和技术水平的设计人员承担。

（2）审核：由各专业负责人或各专业委派有资格的人员承担。

（3）审定：由项目技术总工、项目设计负责人承担。

2. 编制设计控制计划

设计过程应始终贯彻合同及现行技术标准的要求，做到信守合同、保质保量，为客户提供优质服务。设计控制计划在项目初始阶段由项目设计负责人组织编制，经技术中心评审后，由项目经理批准并经客户确认后实施。

3. 设置设计质量控制点

设计质量控制点主要包括设计人员资格的管理，设计技术方案的评审，设计人员是否具有一定的经验和资格，方案是否合理，工艺是否可靠并符合规范要求等。对这些目标控制点应预先提出，并制定预控措施，避免事后出现问题而引起返工。

（二）土建工程质量管理

1. 土建工程质量管理概述

本项目的土建工程从材料、施工工艺到验收全部采用欧洲标准，且所选择的本土分包商此前未有过合作，这对土建施工管理人员的知识结构和管理能力均提出了挑战。土建工程质量管理总体上以ISO9001质量体系作为质量管理标准，充分考虑客户合同中对质量的具体要求，制定了可实现的、全过程的施工质量管理办法，以及行之有效的措施。

2. 土建工程质量管理办法与举措

（1）质量管理组织

项目经理部设立以现场经理为组长的施工质量管理小组，建立自上而下的施工质量管理网络，负责本项目的土建工程质量管理、监督指导与质量检查工作。

土建分包单位作为项目管理的组成部分，应建立完善的质量保证体系，建立健全质量管理机构和质量管理制度，落实施工质量责任制。分包单位应在合同签订10日内，向项目质量管理小组提交一份质量管理组织机构和质量管理制度文件，分包单位的质量管理作为质量管理机构中的作业组来管理。

各级土建施工技术、管理人员必须加强质量管理，认真贯彻执行合同中的土建技术规范、技术标准及公司ISO9002质量标准。土建部各管理人员要各尽其职，若发生施工质量问题，根据损失大小追究各级管理人员相应的责任。

（2）质量管理领导小组

质量管理组织结构如表6-1所示。

质量管理组织结构　　表6-1

一级	二级	三级	四级
管理领导小组	专业主管 / 质量主管	各施工管理员	各分包商

（3）质量管理流程

质量管理流程如表6-2所示。

质量管理流程　表6-2

序号	业务类别	责任人	要求	记录
			质量控制计划	
1	质量控制计划清单的编制	管理领导小组	负责编制质量控制计划清单，提交现场经理审批	质量控制计划清单
2	质量控制计划的编制	专业主管/质量主管	根据质量控制计划清单在开工前编制完成质量控制计划，并附各种记录模板	质量控制计划
3	质量控制计划的审核	管理领导小组	专业主管将质量控制计划提交土建经理审核后，提交给现场经理审批	
4	质量控制计划的归档	资料室	将审批后的质量控制计划进行登记、归档	
			图纸审查和技术交底	
1	图纸自审	专业主管/质量主管/各施工管理员/各分包商	组织图纸自审，并形成自审记录，需要和设计沟通的相关问题直接发送国内技术部相关人员解决。 在图纸自审过程中发现的问题，起草工作联络单，经主管经理签发后，下发至分包商	自审记录
2	技术交底	施工管理员	组织分包商、施工管理员在开工前对图纸、技术措施和施工方案进行交底，形成交底记录（专题会议纪要形式），提交资料室存档。土建经理监督技术交底	安全要求、质量控制要求，内容包括：基坑开挖、土方回填、混凝土工程、模板工程、钢筋工程以及预埋件埋设
			质量控制	
1	自检	各施工管理员/各分包商	组织分包商进行工序自检，并及时进行记录提交土建主管审核	自检记录
2	会检	专业主管/质量主管	组织客户、客户监理、设计单位和分包商进行会检，并及时进行记录存档备案	会检记录
			分包商施工材料的验证	
1	验证内容	专业主管/质量主管	组织验证材料数量、材料种类、材料入场时间、验证时间、材料是否合格及材料用到哪些地方	
2	验收记录存档	资料室	负责收集和整理验收记录并存档	
			质量问题整改	
1	整改通知单下发（NCR）	施工管理员	按照格式就分包商施工质量问题编写整改通知单，经土建主管负责审核后下发分包商，并督促分包商进行整改	质量问题整改通知单（Non-Conformity Report）
2	质量问题整改闭环	专业主管/质量主管	组织施工管理员每周回顾质量问题整改情况，督促分包商完成整改任务	

3. 奖惩细则

每月对项目质量管理实效进行考核，由质量管理领导小组对各专业主管和施工管理员进行统一测评，测评细则如下：

（1）每人每月考核评分满分100分；因管理人员的疏忽，造成分包商的一般质量事故或重大质量事故发生，视情节大小，对责任施工管理员扣10～20分处罚，对专业主管扣20～40分处罚。

（2）分包商若无特殊情况未按时完成质量问题整改通知单的，对责任施工管理员扣5分，对专业主管扣10分处罚。

（3）未在规定期间内提交施工检查记录，对责任施工管理员扣5分，对专业主管扣10分。

（4）若当月施工无质量事故，同时客户对质量无书面通报信件，奖励施工管理员20分，奖励专业主管10分。

项目部根据个人的最终评分进行奖惩，具体体现在当月的奖金额度，计算方法为：

当月实发奖金额度＝当月应发奖金×（个人最终评分/100分）

（三）机电工程质量管理

1. 工程质量适用标准

根据设备类型及原产地，设备适用标准有所不同。主要包括机械成套设备、非标设备和钢结构。

成套设备：主要分为国产设备和转口设备。本项目国产核心设备回转窑完全采用自主设计和制造，涉及的标准全部为国内标准。转口设备主要原产地为欧盟周边国家，涉及的标准主要为DIN/ISO标准。

非标设备：主要分为大型工艺风管、小收尘风管及钢仓类设备。此类设备全部采用自主设计，涉及的相关标准全部为国内标准。

钢结构：此类设备根据项目所在地的相关要求，归类为土建专业。因欧标标准与国内标准在钢结构设计与制造上区别较大，尤其是钢材和型材规格。因此，本项目钢结构设计全部采用欧盟国家和当地设计单位，涉及的标准全部为ISO标准。在项目操作过程中，对于机电工程质量适用标准，并无严格要求和限制，核心点在于必须有官方机构或国际认证机构出具的CE证书（图6-7）。在设计和制造过程中，完全可采用设计和制造单位所在地的标准。随着国产设备“走出去”，“国际化”趋势走高，部分标准对标国际标准完全不低于甚至高于国际标准的要求。

EC Declaration of Incorporation

The Manufacturer:

Business Name: Sinoma Tangshan Port Equipment Manufacturing Co.,LTD

Full Address: East2, Haiqiang Road,Tangshan Seaport Economic Development Zone,China

Person authorised to compile the relevant technical documentation (based in the European Community)

Name: DEVNYA CEMENT AD

Address: Suvorovsko Shose 3, Devnya 9160, Industrial Zone, Bulgaria

Partly completed machinery covered by this declaration:

Description:

Preheater tower is the support frame of preheater, which support the preheater and its loading.

also plays a part in supporting and fixing the whole system of preheater.

Model: NEW PRODUCTION LINE 4.000 TPD

Serial Number:2013.02

Commercial name: Preheater Tower

The machinery conforms to the following Directives:

2006/42/EC - Machinery Directive

uses the following standards:

EN ISO 12100: 2010, EN 1090-1: 2009, EN 1090-2: 2008

and complies with the relevant essential requirements of the Machinery Directive.

The following Annex I Clauses have s been applied

1.1.1-1.1.3, 1.1.5, 1.3.1-1.3.2, 1.3.4, 1.5.4, 1.5.15-1.5.15, 1.6.1, 1.6.2, 1.6.4, 1.6.5, 1.7.1.1, 1.7.2, 1.7.3, 1.7.4-1.7.4.2

The technical documentation is compiled in accordance with part B of Annex VII of the Machinery Directive 2006/42/EC

The relevant authorised person undertakes to transmit, in response to a reasoned request by the national authorities, relevant information on the partly completed machinery. This information will be transmitted by: email or post

This machinery must not be put into service until the machinery into which it is to be incorporated has been declared in conformity with the provisions of the machinery directive.

Place of Declaration: Tangshan

Date of Declaration: 2013-03-20

Identity of person authorised to make this declaration: Zhao Hongguan

Position in the Company: General Manager

Signature of person authorised to make this declaration: 企业法人签字

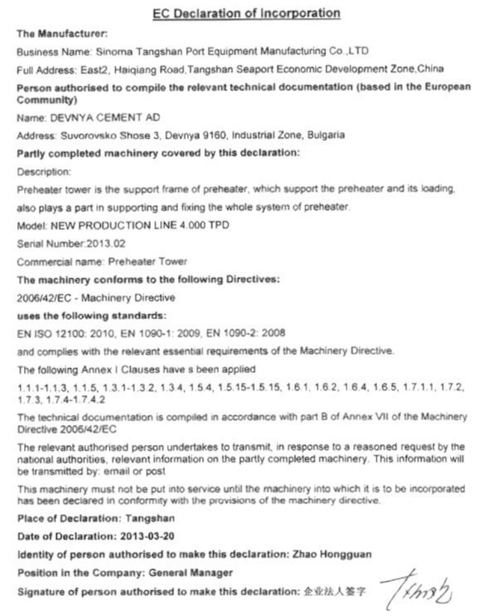

EC Declaration of Incorporation

The Manufacturer:

Business Name: Sinoma Tangshan Port Equipment Manufacturing Co.,LTD

Full Address: East2, Haiqiang Road,Tangshan Seaport Economic Development Zone,China

Person authorised to compile the relevant technical documentation (based in the European Community)

Name: DEVNYA CEMENT AD

Address: Suvorovsko Shose 3, Devnya 9160, Industrial Zone, Bulgaria

Partly completed machinery covered by this declaration:

Description:

Preheater tower is the support frame of preheater, which support the preheater and its loading.

also plays a part in supporting and fixing the whole system of preheater.

Model: NEW PRODUCTION LINE 4.000 TPD

Serial Number:2013.02

Commercial name: Preheater Tower

The machinery conforms to the following Directives:

2006/42/EC - Machinery Directive

uses the following standards:

EN ISO 12100: 2010, EN 1090-1: 2009, EN 1090-2: 2008

and complies with the relevant essential requirements of the Machinery Directive.

The following Annex I Clauses have s been applied

1.1.1-1.1.3, 1.1.5, 1.3.1-1.3.2, 1.3.4, 1.5.4, 1.5.15-1.5.15, 1.6.1, 1.6.2, 1.6.4, 1.6.5, 1.7.1.1, 1.7.2, 1.7.3, 1.7.4-1.7.4.2

The technical documentation is compiled in accordance with part B of Annex VII of the Machinery Directive 2006/42/EC

The relevant authorised person undertakes to transmit, in response to a reasoned request by the national authorities, relevant information on the partly completed machinery. This information will be transmitted by: email or post

This machinery must not be put into service until the machinery into which it is to be incorporated has been declared in conformity with the provisions of the machinery directive.

Place of Declaration: Tangshan

Date of Declaration: 2013-03-20

Identity of person authorised to make this declaration: Zhao Hongguan

Position in the Company: General Manager

Signature of person authorised to make this declaration: 企业法人签字

图6–7　预热器塔架钢结构CE证书

2. 机械设备制作质量验收

设备制作质量控制重点在于过程控制，关键设备关键节点进行重点控制。需提前编制双方认可的质量控制计划（QCP），所有设备制作验收依据QCP进行。

在依据QCP分节点和阶段进行检查验收过程中，依据双方协商的结果，设备质量验收根据检查人员的类型主要分为以下几种：制作厂家质量控制人员自行检查；主承包方与制作厂家共同见证检查；客户方、主承包方和制作厂家共同见证检查；转口设备主设计方、主承包方和制作厂家共同见证检查。无论由几方人员参与质量验收，最终都要出具正式的验收报告，各方均需对检查结果负责。

根据设备类型的不同，质量验收的着重点主要有以下不同：

关键主机设备：主要检查重型锻铸件的质量探伤、后期加工尺寸；板材拼接的焊缝探伤；铆焊件的组装尺寸。

辅机设备：除常规的检查点之外，主要检查整机设备的测试以及关键部件的质量；例如风机的整机测试及叶轮的动静平衡。

非标类设备：主要包括焊缝、尺寸等。

钢结构类设备：拼接型材主要检查焊缝探伤、外形和尺寸等；成型型材除常规检查外还要检查连接孔等位置、尺寸。

机械设备制作质量验收，前期主要是QCP的合理编制（图6–8），中期主要依据QCP进行节点检查，后期依据检查结果出具检查报告，并根据结果及时进行下一工序或返修的处理。

CBMI QUALITY CONTROL PLAN (Q.C.P)		Project :	DEVNYA Project		1/ 1.
		Equipment:	vertical mill		
				Q.C.P ref:	
type of control	documents	Part Name:	frame and base plate	Date:	Revision
CA Chemical analysis	CR=control report				
RT Run test	CC=certificate/C	Supplier:		11/5/2012	B
MT Mechanical test					
VC Visual checking		Part designation:			
DIM Dimensional checking	Inspection content				
TT thermal treatment	C=witness point	Drawing number:			
DP Dye penetrant	A=control point			Observations:	
MP Magnetic particles testing	participants	Specification ref:			
US Ultasonic testing	1=Supplier				
RD X-ray testing	2=CBMI	Item number:			
SC Specific control	3=Owner/representative				

manufacturing operations		interventions				
n°phasis	operations	controls	participants	date	report n°	remarks
1	material	CA+VC	1		CR	
2	cutting and welding	DIM+VC	1		CR	
3	heat treatment	TT +MP	1		CR	
4	pre-assembly	VC+DIM	A+1+2		CR	

图6-8　回转窑QCP（节选）

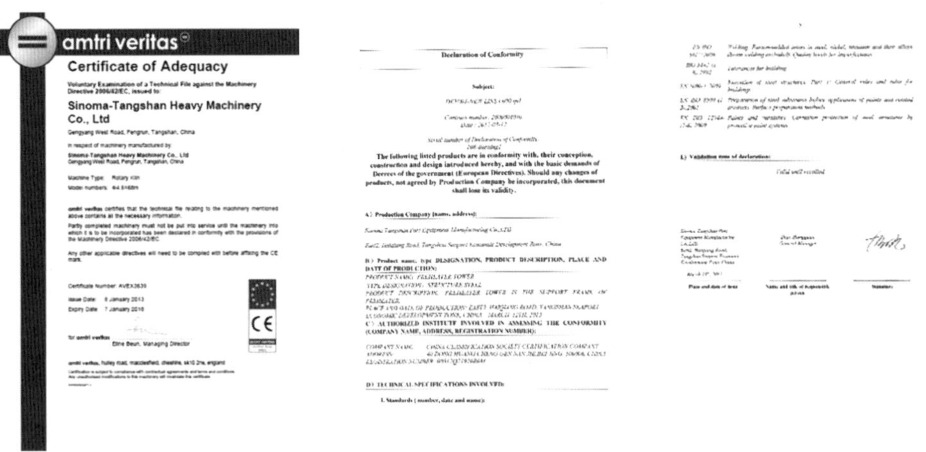
amtri veritas

Certificate of Adequacy

Voluntary Examination of a Technical File against the Machinery Directive 2006/42/EC, issued to:

Sinoma-Tangshan Heavy Machinery Co., Ltd

Gengyang West Road, Fengrun, Tangshan, China

In respect of machinery manufactured by:

Sinoma-Tangshan Heavy Machinery Co., Ltd

Gengyang West Road, Fengrun, Tangshan, China

Machine Type: Rotary Kiln

Model numbers: Φ4.8×68m

amtri veritas certifies that the technical file relating to the machinery mentioned above contains all the necessary information.

Partly completed machinery must not be put into service until the machinery into which it is to be incorporated has been declared in conformity with the provisions of the Machinery Directive 2006/42/EC.

Any other applicable directives will need to be complied with before affixing the CE mark.

Certificate Number: AVEX3639

Issue Date: 8 January 2013

Expiry Date: 7 January 2016

for amtri veritas

Eline Beun, Managing Director

Declaration of Conformity

图6-9　回转窑CE证书

机械设备制作质量验收的检查报告是证明验收通过与否的关键文件，也是准备CE证书（图6-9）的重要文件之一。

3. 机械设备安装质量验收

机械设备安装验收的依据主要是施工方案，在方案编制的过程中，应结合图纸、规范要求进行编制；方案之中应包含安装节点质量检查计划，方案审核批准并双方签字后，在安装过程中严格按照方案执行质量验收。

根据设备类型不同，其检查的控制点主要有以下内容：

机械成套设备：主要验收点在于基础标高、中心线、传动系统，以及特殊设备的重要检查点。

钢结构：主要验收点在于垂直度、螺栓扭矩。

非标风管：主要验收点在于现场拼接焊缝探伤检查。

一般辅机设备：在编制施工方案的时候，如无特殊需要验收的控制点，可以不编制验收计划。

本项目实施过程中，在质量验收工作中，有一些特殊的要求，虽然不是质量验收的一部分，但也直接影响了安装质量验收能否进行。

焊接工艺评定（WPS）：在项目实施前期，根据要求，需要由部分焊工在当地具备资质的焊接评定机构进行实焊操作，通过评定机构的各项测试之后，取得在当地焊接的资质；根据评定工艺的不同，可以根据焊接形式、焊接构件的不同分类进行多种评定。取得WPS是项目施工进行焊接工作（图6-10）的前提，直接决定了所有焊接工作质量验收能否通过。

钢结构验收工作日志：钢结构整体验收，其中有三种工作日志必须提供，即施工日志、焊接日志和喷涂日志。施工日志主要包括施工内容、天气情况、质量控制人等。焊接日志主要包括施工内容、天气情况、质量控制人、焊接材料、焊工信息等。喷涂日志主要包括施工内容、天气情况、质量控制人、涂料信息等。

4. 特殊设备质量管理

Сертификат/ Certificate
от одобрение на заварчик/ of welder approval

Multitest
Notified Body for Pressure Equipment and Accessories NB 1977

Designation:	EN 287-1 135 P BW 1.2 S t30.0 PA bs
Manufacturer's Welding Procedure Specification	WPS CBMI-135-036
Examiner	инж.Грозадн Пеев/ dipl. eng. Grozdan Peev
Place:	Варна/ Varna
Дата /Data:	06.07.2013
Test №	TR WQC 0286/06.07.13
Reference № (if available)	-
Welder's Name	LI, JINTING
Welder's Data:	
Method of Identification	Паспорт/ Passport № G34 1 998 1 7
Date and Place of Birth	24.04.1963, Shandong
Employer	CBMI Construction Co., LTD Bulgaria Branch
Code /Testing Standard	EN 287-1:2011
Job Knowledge:	приемливи/ не изпитан/ acceptable/ not tested

	Weld test details	Range of approval	
Welding Process	135 (MAG)	135; 138 (M)	(виж/ see section 5.2)
Plate or Tube	P	P; T	
Joint Type	BW	BW; FW	(виж/ see section 5.4)
Parent Metal Group	1.2	1.1; 1.2; 1.4	(виж/ see section 5.5)
Filler Metal Type (Designation)	G3Si1 (S)	S; M	(виж/ see section 5.6)
Gas	M21	Similar Shielding gas	
Flux	-	-	
Auxiliaries	-	-	
Material Thickness (mm)	30.0	≥5.0	(виж/ see section 5.7)
Pipe Outside Diameter (mm)	-	> 150 for welding position PA; PB*	
Welding Position	PA	PA; PB*	
Weld details	bs	ss mb; bs; FW; sl; ml	

Additional information is available on attached sheet and or welding procedure specification WPS
* for fillet welds (note: see 5.4 b)

Type of test	Performed and acceptable	Not required
Visual testing	x	-
Radiographic testing	x	-
MT / PT testing	x	-
Macroscopic examination	x	-
Fracture test	x	-
Bend test	x	-
Additional test **	-	x

** append separate sheet if required

Performed at	„Мултитест" ООД „Multitest" Ltd.
Certificate №	WATC 0039/ 2013
Date of issue	09.07.2013 г.
Location	Варна/ Varna
Technical expert on permanent joints	инж.К. Генов/ dipl. eng. K. Genov
Подпис/Signature	
Validity of approval until	05.07.2015

Prolongation for approval by the Notified Body

Дата/ Date	Подпис/ Signature	Длъжност или титла/ Position or Title

Prolongation for approval by employer or supervisor

Дата/ Date	Подпис/ Signature	Длъжност или титла/ Position or Title

Varna 9009, West industrial zone, 1 Atanas Dalchev, P.O.Box 161, tel.: +359 52/574 030, fax: +359 52/574 040,
Body Notified by the European Commission - NB 1977

sinoma Cbmi Construction Co., Ltd.

WELDING PROCEDURE SPECIFICATION (WPS) БДС EN ISO15609-1

WPS No	CBMI-111-001 Sheet 1/2
REV.	1 Date 17.07.2013
Supp. WPQR No.	AWP 0004/2013
Project.	Devnya New Production Line 4,000 TPD
Manufacturer	CBMI Construction CO.,Ltd Branch Bulgaria
Welding Process (es) /	a) 111 b) c)
Type (s)	a) MANUAL b) c)

JOINTS

Joint Type	DUTT WELD
Backing	No
Backing material type	N.a.
Weld preparation /	Preparation "II" groove
Method of preparation & cleaning /	Grinding and/or machining

Joint Design and Welding Sequences

t = 3 ÷ 5 mm　α = -
c = -　β = -
b = 3 ÷ 5 mm　h = -

PARENT METAL БДС EN ISO/TR 15608

Group No	1,2 to / at Group No 1,2
Spec. Type & Grade	S 355 J2G3
to Spec. Type & Grade	S 355 J2G3
Thickness (mm)	3 ÷ 5
Outside Diameter (mm)	
Other	

WELDING CONSUMABLES	a) 111	b)	c)
Specification No	ISO 2560 - A		
EN Designation	E 42 5 B 32 H5		
SIZE	see the table below		
TRADE NAME	OK 55.00		
MANUFACTURER	ESAB		
FLUX DESIGN. EN	------		
FLUX TRADE NAME	------		
FLUX MANUFACTURER	------		
Other			

WELDING POSITION

Position	PF; PA
Welding Progression	uphill; horizontal
Other	No

PREHEAT

Preheat Temperatupe (°C)	Min. 5
Interpass Temperature (°C)	Max. 250
Preheat maintenance (°C)	No
Other	No

GAS(ES)

Percent Composition %

	Gas(es)	Mixture	Flow Rate
Plasma	No		
Shielding (a)	No		
Shielding (b)	No		
Trailing	No		
Backing	No		
Other	No		

图6-10　当地批准的焊工证书和认证的WPS

根据当地相关机构的要求，特殊设备主要包括压力设备、天然气设备、起重设备、电梯等高风险类别的设备。

特殊设备从制作、安装到验收均有不同的要求。在质量管理的流程中，从各个环节都要严格管控，做好各流程的质量文件资料，最终取得当地政府指定机构的验收才能投入使用。

针对不同的特殊设备，主要的控制点有以下内容：

（1）压力设备：主要包括材料材质文件、焊接文件、压力测试文件。

（2）天然气设备：主要包括材料材质文件、相关阀门的质量文件、焊接文件、压力测试文件。

（3）起重设备：主要包括整机质量文件、承重部件的质量文件、测试文件。

（4）电梯：主要包括整机质量文件、轿厢及传动部分的质量文件、测试文件、安装人员的资质文件。

特殊设备的质量控制在于安装之后取得使用许可的过程。需要提供各种资料文件，甚至需要现场实地测试。在本项目实施过程中，特殊设备的提高和安装均由本公司完成，在后期办理使用许可的过程中，主要由客户方协助办理。特殊设备的质量管理务必由专业人员专门负责。

第七节　工程安全管理

"安全为本"一直贯穿于代夫尼亚项目建设的始终。严把意识红线，坚决不触犯安全底线，是项目得以顺利进行的基础。代夫尼亚项目管理团队一直秉承"安全第一"的理念，营造全员学习安全生产知识、强化安全生产意识、提高安全生产技能、投身安全生产管理的氛围，形成安全工作化、工作安全化的机制，有力地促进项目各项工作的顺利开展。在项目全员努力下，代夫尼亚项目圆满实现了"零"安全事故的目标，荣获"安全生产月"优秀活动单位、"青年安全生产岗"等荣誉称号。

（一）项目安全管理概述

代夫尼亚项目第一次面对意大利水泥客户，安全管理首次接轨欧洲安全管理模式和标准，对安全监管是考验，也是挑战。通过磨合，双方逐渐熟悉并相互适应，体现了安全管理的记录式监控、本土化管理、规范化和数据化管理。

代夫尼亚项目安全监管人员累计达到102人次，其中当地安全员占累计人数的

88%，是本土化管理中的一大特色。为了强化人员的安全意识，项目累计进行安全培训1223场次，参训人员达到8774人次，解决了当地4500多个就业岗位。现场进行各类安全检查554次，累计查处各类安全隐患2814项。此外本项目对文件资料的整理、提交十分严格，编写了44项重要子项协调方案、13个主要车间的安全操作程序，累计整理、提交各类安全文件1862份，审核提交各子项施工方案及风险分析321份，签发工作许可10689份，中材建设员工当地取证206份，收录备查各种危险化学品97类，累计处理施工垃圾22.63万t，处理生活垃圾等206桶，运输工业垃圾1988m^3。

（二）工程安全管理

1. 体系建立

现场施工安全是具有系统性的管理工作，始终将欧盟“零容忍”的安全目标理念与“安全第一、预防为主、综合治理”的国家安全生产方针摆在首位，同时将公司标准与欧盟管理要求有机地统一结合起来，秉承公司及项目部程序，严格遵守欧盟的各项安全法规及标准，建立以项目经理为首的安全施工管理体系，制定严格的施工现场安全管理制度、安全操作规程和各项安全生产措施，建立健全安全支撑体系、保障体系、防控体系、操作体系和目标体系。

（1）文件体系

通过建设科学合理的建筑施工安全管理体系，更全面地解决安全管理中的问题，提高安全管理效率，确保全员人身安全和健康。意大利水泥客户对安全管理有着高标准、高要求，合同中明确安全程序文件编制清单，要求编制安全程序文件81个，文件内容涵盖设计、施工、调试、生产全过程。本项目统筹多种资源，联合专业安全咨询公司，编制程序文件。在过程中加强与客户的沟通，在满足合同要求的前提下，对部分文件进行优化合并。

（2）制度建设

根据项目特点编制各类安全管理制度等，编制安全文件77个、设备安全操作程序（SOP）13个，项目安全文明施工方案经由当地政府审批（图6-11）。

（3）组织机构

根据本土化管理的特点，项目安全组织机构由项目经理负责，下设安全经理、安全协调员、环境工程师及专职安全员，组织结构清晰完善。现场累计安全监督人员45名，远高于每五十人配备一个专职安全员的标准。项目施工高峰期，安全监管人员累计达102人次，其中安全部管理人员15名（中国籍3名，保加利亚籍12名）；各家协作

图6-11 项目安全管理办法、程序、管理方案

队伍及分包商设置安全员87名（中国籍9名，保加利亚籍78名）。大家齐心协力，共同实现安全目标。

（4）日常管理文件控制

依据保加利亚当地法律规范、客户要求及项目部安全管理规定，对施工过程中的各个程序、环节严格把关，作业前编制符合现场施工要求的各类文件，做到有据可查，有章可循。其中主要对施工方案及风险分析、特殊吊装（吊物大于20t或台吊等）方案、交叉区域协调方案等重点控制。

（5）沉浸式记录管理

做好过程控制及记录，严格执行安全体系管理，规范信息材料保存，无论是前期准备，还是同期建设，项目资料名目、种类众多，各类文件资料均分类统计，存档并建立台账，从而保证有据可查，方便查阅。

2. 安全培训，强化意识基础

安全培训作为安全监管的第一关，必须常抓不懈。结合中材建设公司标准及当地法律要求，代夫尼亚项目部积极开展形式多样的安全培训，在项目建设全周期面向全体人员，积极致力于入场、日常、季度、专项、专题安全培训等，根据现场实际需要，邀请第三方开展专业培训，并颁发相应的资质证书，确保特种作业人员100%持证上岗。严把培训关，提高各级领导和广大员工安全生产的责任感和自觉性，增强从业人员安全意识与个人技能，筑起牢固的安全生产思想防线。

（1）入场安全培训

人员管控作为安全管理的第一步，一直以来是安全监控的重中之重。由于人员流动性大、接受信息的能力参差不齐、自身素质不一等特点，做好入场安全培训显得尤为重要。代夫尼亚项目一直采用客户与中材建设培训员共同授课的方式（图6-12），从不同角度讲授现场施工安全要求与安全行为规范。好的入场安全培训，不仅能够在初始阶段有力地约束作业人员，以一种安全的状态进行现场施工；同时当出现不安全因素时能够更容易地进行纠正，事半功倍，提高安全意识，强化思想基础。

（2）专项安全培训

相对入场安全培训而言，专项安全培训更具有针对性。根据现场施工进程，有目的地对相关人员进行专项培训（图6-13），提高专业技能，使其更好地胜任所从事的作业，减少因不熟悉、专业性差而引发的安全事故，预先降低风险。安全生产月期间，正值第一船设备到港，在项目部专业起重吊装人员的指导和带领下，当地员工进行卸货、倒运等作业。考虑到当地员工对起重吊装作业的风险认识不足、从事司索工经验不够的情况，特别邀请当地第三方专业机构到项目部进行司索工专项安全培训（图6-14），并颁发专业司索工资格证书。从源头抓起，筑牢坚实基础。

（3）专题安全培训

安全部根据现场施工现状及下步施工计划，预先对高风险作业项目进行专题安全培训，诸如塔架施工、现场脚手架、塔式起重机等高风险作业点等，均为安全重点监控内容。为了确保施工过程的可靠性与安全性，客户、中材建设、分包商三方共同进行商讨，提供适用的施工方案、防护方案、计算书等，以符合安全要求。一方面对作业过程中存在的风险进行分析，预先提出防护措施，为下一步施工做好准备。另一方面

图6-12　入场安全培训

图6-13　消防专项安全培训

图6-14　司索工专项安全培训

与客户方达成共识，确定安全防护措施是否满足当地法律法规的要求，从而创造良好的施工条件，有效推进项目进程。

3. 安全检查，筑牢执行基础

切实加强过程中的监控与检查，开展日常安全检查、周检查、月度检查、联合检查、专项检查、季节性检查等形式多样的检查工作，查制度、查资质、查设备设施、查人员作业行为、查安全隐患、查安全措施，规范现场管理，做到有监督、有执行、有整改、有落实、有反馈。

（1）资质管控

现场安全管理，严格控制特种作业人员入场资质，焊工、电工、起重工、各类司机等均须提供有效期内的特种作业操作资质证书（图6-15），切实做到100%持证上岗。同时，根据现场需要，组织项目部中国籍及保加利亚籍员工参加当地特种作业培训，取得当地WPS证书、高空防护证书、叉车证书等。中材建设员工累计获取各类证件200余份。

（2）工作许可签订

高风险作业开工前办理工作许可证，工作许可每日一签，可续签。工作许可由各区域施工安全员保管，随时待查。关闭后由安全部统一收回，做好登记台账。项目累计签订工作许可万余份。

（3）常规检查

持续开展各类安全检查（图6-16、图6-17），对检查发现的安全隐患及时发送整改报告、整改通知单，督促作业队伍、人员整改落实，并及时跟踪验收关闭。建立健全合理的会议制度，每周分别召开安全周例会、安全技术协调会、分包商周例会等，通报安全检查情况，加强与客户、管理人员、分包商之间的沟通交流，确保各项信息

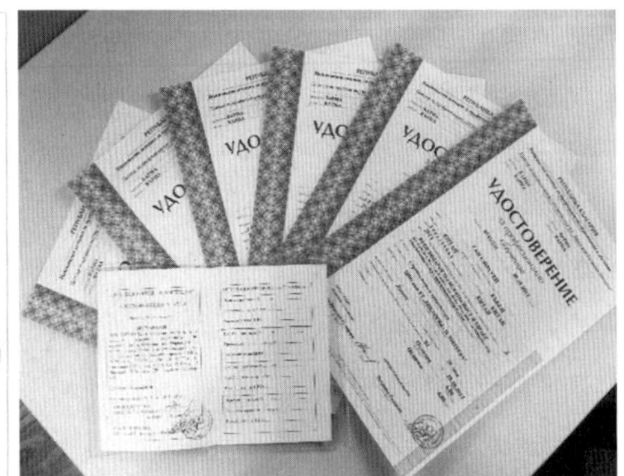

图6-15　资质取证

图6-16　安全带日常检查

图6-17　临时用电日常安全检查

图6-18　电气作业专项检查

图6-19　联合巡检

畅通无阻，发现问题及时解决，不留盲区。

（4）专项检查

依据项目进展，开展电气（图6-18）、高空、密闭空间、吊装、脚手架等专项检查（图6-19），发现设备设施破损的、可以报废的立即销毁，重大安全隐患叫停，真正做到预防为主，及时发现问题、解决问题。项目管理人员积极践行“管生产必须管安全”的要求，对检查发现的问题，专人专项，实时地进行安全技术交底，确保交底到人，责任到人。

（5）重点监控

每月根据现场安全施工情况编制安全生产管理月报，开展相应的安全生产专项检查（图6-20），并编制专项行动报告。专人跟踪整改，根据检查情况及整改进度，做好登记台账，并形成数据统计图，从而对每个月的管控重点有更直观、清晰的了解，也对下个月的施工安全监督起到一定的指导作用。

图6-20　重大安全隐患监控报告

4. **应急演练，奠定实践基础**

分析评估各阶段的施工风险，有效组织各类应急救援演练（图6-21），特别注重应急救援队伍的培养，提高其应对突发事件的能力。

项目建设过程中，安全部把关采购各类吊篮式救援担架、可伸缩三脚支架、高空逃生缓降器、滑索等救援设备，先后组织紧急集合演练、消防演练、高空坠落救援演练、密闭空间紧急救护演练等，打造反应迅速、救援高效的应急抢救队伍，消除后顾之忧。在现场设置救援吊篮，长期安排值班医生，赢取救援时间；救护车全天24h待命，出现紧急情况立刻响应。每月对现场布置图进行更新，保证救援逃生路线清晰明确。临近冬期施工，确保人员冬季劳保佩戴齐全，同时提前采购除冰剂、防冻液、盐、篷布等冬季防护用品，有效地应对冬季大雪、冰冻天气灾害，防患于未然。

5. **安全审计，夯实运行基础**

（1）劳工部巡察

代夫尼亚项目作为重点项目之一，一直以来备受当地政府部门的关注。项目所在地市劳工部（图6-22）人员每月至少到场进行一次全面检查，主要针对现场的安全、环境及人员福利设施建设等进行检查，并提出中肯的整改意见与建议，协助项目组完善现场安全管理工作。

（2）安全工时

每天更新现场作业人员数量统计表，第一时间掌握各区域、各分包商入场作业人员的情况，实时掌握现场人员动态。每周及每月上报项目安全周报及月报，统计人员、工时等数据，有效评估各项风险。每月由客户组织一次项目月度打分评审（图6-23），在客户的协助下完善现场安全管理。

6. **以人为本，营造文化基础**

安全部按照贴近安全施工、贴近现场管理、贴近员工思想的工作思路，紧密联系实际，结合施工特点，探索新路子，挖掘新内涵，以人为本，从理性的层面逐步培养员

图6-21 高空、密闭空间应急救援演练

工的安全意识，挖掘安全文化积淀，营造浓厚的安全文化氛围。

（1）安全宣传

以人为本，加强宣传教育，充分发挥宣传工作的导向作用，是企业安全文化建设的重要部分，也是建立安全管理长效机制的有效途径。充分利用宣传教育，营造适合自身发展的安全文化，服务安全生产。通过视频、图片、宣传栏、宣传牌等方式（图6-24、图6-25），开展安全理念的宣传和教育，提高渗透力，扩大影响力，努力提高员工安全文化素质，使安全文化由点到面、全面推开。强化宣传先进安全理念，突出安全文化主题，编发简报，张贴

图6-22 劳工部安全检查

图6-23 安全审计

图片，开展征文、知识竞赛、安全生产月等活动，向员工传输安全文化知识，达到安全理念入耳、入脑、入心的目的，形成安全宣传舆论导向。

（2）安全活动

4月28日世界安全日（图6-26）期间，代夫尼亚项目组与客户方积极践行安全管理、以人为本的理念，安全部成员、当地员工等参与世界安全日庆祝活动，并到当地幼儿园进行义务劳动，在文化交流中，传递安全理念，共建和谐社会。

异国他乡工程建设，项目部就是共同的家。以春节、中秋等中国传统节日为契机，安全部组织有奖竞猜、安全答题、抽奖等活动（图6-27、图6-28），以安全知识问答的形式穿插于每个环节中，寓教于乐，在潜移默化中提高管理人员的安全意识，加强对安全管理工作的关注度。

（3）安全荣誉

以人为本，奖惩分明。项目施工期间，由客户方主导在老厂及新线范围内开展“季度安全标兵”评选活动，并给予一定的物质奖励，极大地提高了全员安全积极性。2013年第一季度评选活动中，新线项目获得“全年无工时损失事故集体奖”（图6-29），当地

图6-24　安全横幅签名

图6-25　安全专题宣传栏

图6-26　世界安全日主题活动

图6-27　抽奖活动

图6-28　安全理念宣传牌

图6-29　“全年无工时损失事故集体奖”授奖仪式

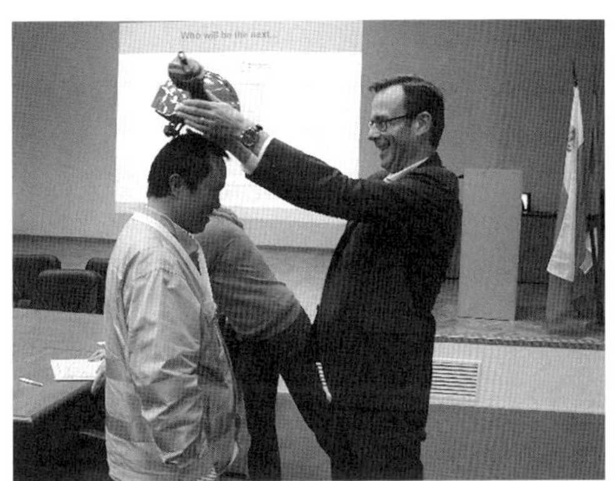
图6-30　“金帽子”颁奖仪式

安全员Todor荣获“安全标兵”称号。邓邵波作为第一个中国籍员工获得第二季度的“安全标兵”称号。此后，公司员工郝晓川及公司所属分包商安全协调员分别荣获第三季度及第四季度“安全标兵”称号。客户总经理为每一位标兵颁发“金帽子”(图6-30)。“金帽子”是荣誉的象征，更是安全标准的引领。全方位筛选出的标兵人员在施工现场发挥表率作用的同时，引领全员安全新风尚，安全理念深入人心。

(4)福利设施

为确保每个人能更好地适应现场作业需求，消除因个人身体状况导致安全事故的发生，安全部联合行政部门组织全体员工参加阶段性健康体检(图6-31)。从血本采样、心电图等多方面进行检查(图6-32)，并出具诊断报告，确保员工个人身体处于良好状态。

充分顺应保加利亚当地人民的本土习惯与需求，施工现场设立饮水点、休息点、用餐点、现场移动式厕所等，为现场作业人员提供便利；办公区、现场配置自动售货饮料机、咖啡机，可提供十余种不同饮料及咖啡、牛奶，供员工选用(图6-33)，方便作业人员休息期间补充能量。

安全管理工作是动态的、长期的、循序渐进的。代夫尼亚项目组在建设施工期间，

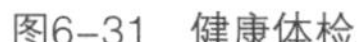

图6-31　健康体检

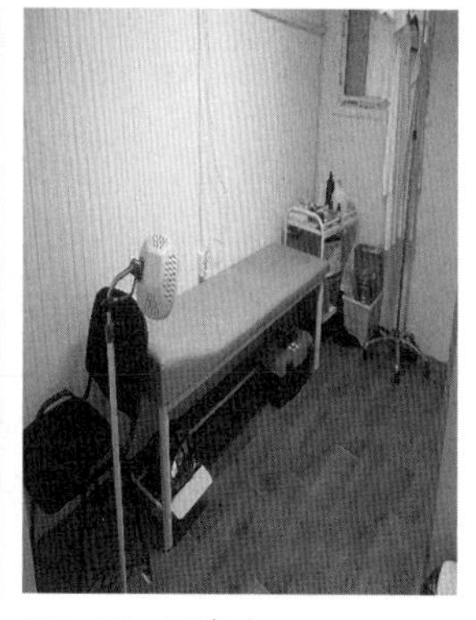

图6-32　医务室

图6-33　现场福利设施

秉承中材建设公司及项目部程序，严格遵守欧盟的各项安全法规及标准，做好过程控制及记录，有效把握每个环节的安全侧重点，及时制定相应的安全预防措施及方案，形成良性循环，有效地对项目安全生产工作进行管控，夯实安全基础，构建优质的品牌工程，为公司与欧盟接轨积攒了宝贵的经验。

第八节　环境保护管理

（一）项目环境保护管理概述

做好施工过程中的环境保护是施工企业的责任与义务，代夫尼亚项目在建设期间，认真贯彻落实当地法律、法规、规章、规范性文件和标准，全面运行ISO14001环境保护体系标准，严格遵照执行中材建设的环境安全健康程序，建立环境、健康和安全管理体系，建立可持续发展的目标，系统地采用和实施一系列环境保护管理手段，以期得到最优结果。

1. 组织机构

建立健全环境保护体系，成立以项目经理为组长的环境保护施工领导小组，多方考察聘任专业环境工程师，专项负责现场环境安全管理工作，做好现场与当地环境部门的协调沟通，推进项目各项安全工作的顺利进行。随着现场各项设施的完善及施工进展，分阶段、分步骤采取不同的方式清理、除尘，保护环境。重视环境保护，控制环境污染，满足环境要求，确保施工建设不以破坏环境为代价。

2. 总体要求

制定环境保护制度，加强环境保护基础工作，强化现场监督检查，落实各项工作责任制，在施工准备、施工过程、完工清场等各阶段对扬尘、固体废弃物、漂浮物等污染物进行全面控制，严格监测各项环保指标，减少污染排放对环境造成的影响，美化施工环境。

（二）环境管理措施

1. 危险化学品入场控制

对于进入现场的各类危险品、化学品等，严格控制入场程序，从源头抓起，了解各项性能及储存方式，聘请专业环境安全工程师，任命专人管理、专人进出储存区，建立MSDS登记台账，材料出入场必须填写材料出入登记表。累计收录各种危险化学品97类（图6-34），可控备查。

2. 材料管理

现场各类材料分类、分区域存放（图6-35），并做好相应的防护，便于材料的取用，同时避免现场因不文明施工导致安全事故的发生。

图6-34　危险化学品入场控制

图6-35　现场文明施工

3. 现场除尘

项目厂区紧邻市政公路，依据当地法规要求，项目部全方位为出行公众考虑，建立洗车台（图6-36），施工车辆在进入市政公路前首先进行车辆清洗（图6-37~图6-39），确保车辆干净整洁。与当地有资质的公司联合协作，将洗车台用于清洗车辆泥浆的水重复利用，洗车泥浆则基本回收利用，用于老厂湿法生产线，做到污染物零排放，绿色环保（图6-40、图6-41）。

4. 垃圾处理

垃圾分类在欧洲实行得较早，保加利亚当地法律要求施工现场垃圾需定期、分类处理。项目部与当地三家垃圾处理公司签订合同，分别处理办公区（图6-42）、生活区（图6-43）、施工区（图6-44）的垃圾清理，现场设置分类垃圾箱（图6-45），严格按照垃圾分类标准进行分类，制定合理的现场运输处理方式，定期进行集中回收处理。特殊材料特殊处理，例如筑炉保温用材料，需要经过专门的垃圾处理公司运输解决。项目建设期间，累计处理施工垃圾22.63万t，生活垃圾206桶，运输工业垃圾235箱，累计1988m^3。

图6-36　洗车台

图6-37　出厂车辆清洗

图6-38　泵车清洗

图6-39　水泥罐车指定清洗

图6-40　公共区域环境保护

图6-41　现场除尘

图6-42　办公区垃圾处理

图6-43　生活区垃圾处理

图6-44　施工区垃圾处理

图6-45　垃圾分类

第九节　社会治安管理

保加利亚政局基本保持稳定，法律法规健全，安全内务部门精良，政府换届、游行示威和罢工等活动均有相应法律约束。政府加大打击有组织犯罪力度，社会治安整体状况逐步改善。但受经济大环境影响，国民失业率攀升、生活水平下降，造成社会不稳定因素增加。根据当地法律，符合条件的个人经批准可持有枪支。

中材建设承建项目位于保加利亚较贫穷的山区，项目属于代夫尼亚社区，部分居民无固定职业，收入低且不稳定。面临复杂的社会治安情况，中材建设聘用了专业的安保公司，对项目安保进行全面管理，避免直接面对当地居民。

项目组通过公开招标方式聘请了当地知名安保公司TELPOL，负责厂区安保、设备堆场安保、办公室安保以及生活区安保。设有1个办公室门岗、1个厂区大门门岗、1个设备堆场门岗、1个生活区门岗。门岗均为24h值班制。此外由于项目涵盖矿山，跨度大，还配备一支巡逻岗，不间断在厂区和矿山区域巡逻。此保安公司在项目建设中发挥了巨大作用，保障了物资设备的安全和广大员工的生命财产安全。

此外，中材建设在附近村庄及社区进行大力招聘、宣讲，积极参与当地社区活动，这些都为项目的治安管理创造了良好的效果。

第七章 关键技术

Chapter 7 Key Know-Hows

第一节 非开挖埋管技术

（一）施工方式确定

本工程中厂区的生活水及污水排放需要接入到位于厂外的市政生活水及污水排水管网。厂区水管网排出口距离市政管网接入口有50m左右的距离，需要穿越市政道路，由于市政道路无法采用开挖的方式施工，因此需要考虑非开挖的施工方式。

（二）场地地质情况

根据相邻场区及原道路的地质报告显示，场内岩土自上而下分为：人工填土、冲积层黏土、砾砂、粉质黏土、粗砂和砂质黏土。

（三）施工方案选择

根据场地工程地质条件和勘察报告及设计文件，采用非开挖水平定向钻牵引管技术施工方案。

1. 管材选用

根据施工要求将原排水设计管径为200mm的波纹钢管，改为直径为200mm的PE软管。

2. 具体情况

由于设计敷设深度不大，所以入钻角度较小。入土点一端安放钻机设备、钻杆以及泥浆池、膨润土等，占地范围为10m×4m；出土点接收井坑范围为长×宽×深＝10m×1m×2m。现场场地应满足入土点和出土点的施工平面尺寸要求。

3. 连接方法

为保证施工安全可靠，施工时还必须考虑以下事项：

（1）接头应焊接牢固可靠，强度不低于母材强度。

（2）敷设时应避免表面划伤或损坏。

（3）敷设时回拖力应控制在理论计算值以内。

（4）敷设完毕后，两端应及时进行封堵，避免杂物。

4. 管线敷设受力分析、设备选用及泥浆要求

2×*DN*200 PE管道敷设受力分析：

管材自重不计；摩擦系数0.5；弹性变形受力系数1.2；最大穿越长度50m。

F=π×（D/2）2×1000×50×0.5×1.2=942kg

钻机可选 *F*÷0.8=1177kg。

泥浆黏度要求：黏土≥45s。

（四）水平定向钻牵引管施工

水平定向钻牵引管施工示意如图7-1所示。

1. 施工准备

根据施工要求的管道轴线，放出钻机安装位置线、管道两端的具体轴线位置及标高，在路面上放出轴线及标高，设计详细的导向数据，测量放线过程中做好各项记录。

为防止意外，需要对施工区域进行地下障碍物及管线复测，以确保下步顺利施工。采用现场管线调查对地下金属和非金属管道进行复测，把管线种类、埋深、管材标示在现场和图纸上。根据现场管线复测结果调整管道轨迹，确定定向钻穿越剖面图，确保提前避开地下障碍物及管线。

2. 场地准备

根据现场测量放线及管线复测结果确定最终施工图，对出入点按有关文明施工要求进行围护，清理平整场地，钻机场地进行硬化。

3. 定向钻穿越施工方案

（1）钻机就位和调试

钻机及配套设备就位：按施工布置及规范要求，钻机及附属配套设备固定在预定位置。钻机方向必须同管道轴线方向一致，左右误差不超过30mm，钻机入土角调整到合适位置。

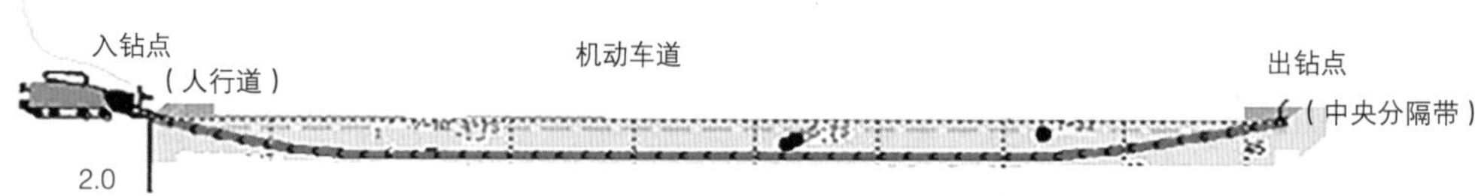

图7-1 水平定向钻牵引管施工示意

泥浆配置：泥浆是定向穿越中的关键因素，定向钻穿越施工要求泥浆的性能高。根据地质土层的不同，泥浆的配比也不一样，并选用不同的添加剂，以达到预期的效果。

钻机导向：钻机安装后，进行试运转，检测各部门运行情况。

（2）钻孔导向

钻进时入土角为-15°。

导向孔根据设计曲线钻进，曲线半径由公式计算。

施工过程中，谨慎处理控向数据，并适当控制钻进速度，保证导向孔光滑（图7-2）。

由于每根钻杆方向改变量较小，为保证左右方向，在出入之间每隔一根钻杆设一明显标记。每钻进一根钻杆，方向至少探测两次，对探测点要做好标记，记录钻进过程中的扭矩、推力、泥浆流量、泥浆压力、方向改变量。

导向孔完成后，根据钻机轨迹和数据记录，确定此导向孔是否可用。轴线左右偏离控制在1%L（钻进长度）内，深度偏差控制在0.5%L（钻进长度）内。出土点偏差控制在1m内。

（3）分级反扩成孔

钻孔工艺根据土质情况采用分级反拉旋转扩孔成孔方法。钻孔导向完成后，钻头在

图7-2　钻孔施工

出土点，拆下导向钻头和探棒，装上扩孔器，试泥浆，确定扩孔器无堵塞的水眼后开始扩孔。上钻头和钻杆必须确保连接到位且牢固才可回扩，防止回扩过程中发生脱扣事故。

回扩过程中需根据不同的地层地质情况以及现场出浆状况确定回扩速度和泥浆压力，确保成孔质量。

为防止扩孔器在扩孔过程中刀头磨掉和扩孔器桶体磨穿孔而造成扩孔器失效，采用高硬度耐磨合金作为扩孔器的切削刀头，扩孔器桶体表面堆焊上耐磨合金，提高整个扩孔器的强度和耐磨性，确保扩孔器能够完成扩孔作业。

（4）管道回拖

确认成孔过程完成，孔内干净、没有不可逾越的障碍后，立即进行管道回拖。回推具体步骤如下：

①慢慢转动钻杆，并给泥浆，确定万向节工作良好、扩孔器泥浆孔没有堵塞后开始回拖管道（图7-3）。

②在回拖过程中，安排人员进行巡线，防止管道在回拖过程中从轮架上掉下来。如果管道从轮架上滑落，应立即钻机停止。在回拖过程中，现场应准备一台挖机。

③为保护补口防腐在拉管时不被破坏，在补口的拉管前进方向一侧加半个热收缩带，且补口应在拉管前一天完成，以保证拉管时的补口强度（图7-4）。拉管前对防腐层进行全面检查，发现有损坏立即进行补伤处理。拉管时采用电火花进行跟踪检查，

图7-3　牵引管

图7-4　出钻点

发现漏点立即停止回拖进行补伤处理。

④在回拖过程中，协调指挥通信要保持通畅。

（5）修复路面、清场、退场

拖管完成后，及时做好路面的清理。

4. 注意事项

导向孔穿越：通过导向探测仪查核、校正钻杆的水平和方向，确保穿越达到设计要求，穿越过程中按画好的标志，每隔3m校正一次钻头的位置，以确保穿越精度。

PE管热熔焊接：采用PE管道专用热熔焊接机具进行焊接，焊接过程中，管道端口不得有水、砂等异物，每个管道端口热熔宽度不得小于1cm，热熔时间不得小于60min，待管道端头热熔完成后用热熔焊接机进行高压对接，对接误差不得大于5mm，对接冷却时间不得小于90min。

逐级扩孔：导向孔完成后，必须扩大至适合成品管敷设的直径。一般情况下，扩孔器是在钻机对面的钻头出土处连接在钻杆上，再回拉进入导向孔，随着扩孔器的回扩，要在其后不断的加接钻杆。根据导向孔与适合成品管铺设的直径差异大小和地层情况，扩孔可一次或多次进行，扩至最适宜扩孔直径。

第二节　混凝土裂缝控制技术

（一）混凝土裂缝控制技术的含义

混凝裂缝控制技术是指在工程实践中从结构设计、选择与配置施工材料、浇筑混凝土施工控制和后期养护等方面着手，使用合理科学的措施和技术，提升混凝土的功能与运用效果，从根本上对混凝土裂缝进行预防的一种综合施工工程技术方法。

（二）项目实践

在代夫尼亚项目中，混凝土的结构类型复杂多样，控制混凝土裂缝的方法和侧重点也有所不同，在项目实际施工中主要从以下几个方面综合施策，有效控制了混凝土裂缝的产生。

1. 优化混凝土结构设计工作

在进行混凝土结构设计的过程中，选择中低强度混凝土，尽可能避免使用高强度混凝土，在无法避免使用高强度混凝土时，尽量选用低水化热、高标号的水泥进行混凝土配合比设计，以尽可能地降低混凝土的水泥含量。对于大体积混凝土施工过程中表面收缩裂缝，一般可在承台表面适当地增加分布钢筋用量，虽然该方法并不能防止裂缝的产生，但是可有效减小温度裂缝的宽度，增加结构的整体性。

2. 合理选择混凝土原材料及其配合比

在进行混凝土配合比设计过程中，如果在其中添加了吸收率较大的骨料，一定程度上会增大混凝土的干缩性。对于级配良好、粒径较大的骨料，可以适当降低混凝土中的水泥用量，从而有效降低混凝土干缩率。通过使用高标号低水化热矿渣水泥，可以降低混凝土单位水泥用量和水化热，有效降低混凝土自身体积收缩。此外，将高效减水剂添加到混凝土中，能够使单位混凝土减少用水量，混凝土在保持一定水灰比和可靠强度的前提下具有比较好的可泵性、抗渗性、和易性、抗离析性能，避免发生泌水现象，降低裂缝的产生。

在进行混凝土配合比设计过程中，项目土建工程师需要根据操作水平、浇捣工艺、混凝土结构截面特点等实际情况，科学、合理地设定混凝土的坍落度，并根据施工现场的石、砂原材料质量对其配合比进行适当的调整。通过改善骨料级配，掺加高效减水剂可以有效地降低混凝土单位水泥用量和水化热。

3. 加强控制现场混凝土浇筑施工工艺

楼层混凝土浇筑工作完成后的第一天时间里，可以做部分弹线、定位、测量等准备工作，但为了防止冲击振动，不可吊卸大型设备材料。部分量少的小型材料可在一天后分批次地安排吊运，需轻卸、轻放、分散到位。楼面模板与楼层墙板在第三天就可以实施正常支模施工，在新浇筑的混凝土表面铺设跳板或旧模板对其实施保护和扩散应力，避免楼板裂缝形成。

4. 增强控制温度措施

混凝土最好要在30℃以下进行施工，如果最高温在35℃以上时，最好在早上或夜间实施施工，同时采用料堆遮阳、使用冷却水搅拌混凝土等措施对混凝土入仓温度进行控制，使其小于或等于25℃。

对于一次浇筑量超过800m^{3}的大体积块状混凝土结构，可采用循环降温水管敷设在混凝土内部的方式，达到混凝土全面散热降温的目的。对于暴露的混凝土面积，要适当选取高性能的混凝土，使抗裂效果增加。避免在施工中采用表面干缩程度大的混凝土。

5. 加强施工的后期养护工作

混凝土施工完成之后，需要对其进行保温养护，降低混凝土内外温差值，从而降低混凝土浇筑块体的降温速度，有效缓解混凝土块体的自约束应力，提高混凝土的抗拉强度，以达到控制温度裂缝的效果。

在对混凝土表面进行养护的过程中，还需要加强混凝土内部温度监测工作，把中心温度与表面温度之差控制在25℃以内。混凝土养护期间，当遇到风雨恶劣天气时，还需要为其搭设防雨彩条布，做好混凝土保温措施。

第三节　钢筋及预应力技术

（一）高强钢筋应用技术

我国工程建设中应用的钢筋品种主要为HRB335、HRB400等，强度等级分别为335MPa、400MPa。

高强钢筋是指强度级别为400MPa（俗称“三级钢筋”）、500MPa的钢筋（俗称“四级钢筋”）。20世纪末，国外普遍提高了混凝土结构中钢筋的强度等级，以400MPa、500MPa强度级别作为主受力钢筋，300MPa级作为辅助钢筋，200MPa级钢筋则被淘汰。

400MPa、500MPa级高强钢筋普遍应用后，对混凝土结构工程施工产生积极的影响。如，可以减少钢筋用量，钢筋工程施工量也会随之减少；可以改善混凝土结构中节点、基础等部位钢筋密集分布的现状，有利于混凝土浇筑，并提高施工质量。同时钢筋使用量的减少对建筑工程领域减少碳排放、加快碳中和进程也产生积极影响。

1. 高强钢筋应用技术特点

（1）强度高、安全储备大

利用提高钢筋设计强度而不是通过增加用钢量来提高建筑结构的安全可靠度水准，是一项经济合理的选择。从表7-1可以看出，HRB400钢筋的设计强度为360MPa，屈服强度为400MPa，抗拉强度为570MPa。而HRB335钢筋强度相对较低，尺寸效应大，直径25mm以上强度大幅度下降。用直径（6～10mm）HRB400钢筋取代HPB235钢筋，其强度设计值由210MPa提高到360MPa，可大大降低配筋率。

各种级别钢筋物理力学性能指标　　表7-1

牌号	公称直径（mm）	屈服强度（σ_s）（MPa）	抗拉强度（σ_b）（MPa）	设计强度（f_y）（MPa）	伸长率（δ）（%）
HRB335	6～25，28～50	335	490	300	16
HRB400	6～25，28～50	400	570	360	14

注：目前国内强度设计值 210MPa 的 HPB235 钢筋已被淘汰。

（2）机械性能好

HRB400钢筋显著改善了其他类型钢筋力学性能方面的不足，避免了尺寸效应大以及应变时延伸率下降20%～29%的弊病；其优良的冷弯性能，克服了弯折钢筋部位出现的微细裂纹、有明显屈服台阶、应变时效敏感性低的缺点，更有利于消除结构质量隐患。

（3）焊接性能好

HRB400钢筋采用微合金化工艺，碳当量较低，且微合金元素能够阻止焊接后晶粒变大，焊接性能良好。

（4）抗震性能良好

HRB400钢筋伸长率≥14%，均匀伸长率为14%左右；屈强比$\sigma_b/\sigma_s \geq 1.25$；屈服强度与强度标准值比≤1.3。故其延性很好，能发挥良好的抗震作用，有利于结构抗震和结构的塑性内力重分布，提高建筑结构的抗震性和安全性。

（5）经济效益明显

主要表现在加工成本较低，应用成本较低。

2. 项目实践

代夫尼亚项目的土建工程属于水泥工厂工业厂房，结构尺寸和受力均较大，混凝土配筋率高。公司项目中首次普遍采用三级钢筋、四级钢筋代替二级钢筋，大部分框架梁、柱主筋均采用HRB400钢筋，窑尾预热器等少数超高、超大结构还采用了HRB500钢筋，取得了良好的经济效益和社会效益。

在HRB400钢筋现场施工应用实践中，就钢筋加工、连接、绑扎、锚固等问题进行了认真的实践，总结如下：

（1）钢筋进场

所有运至现场的钢筋，其品种、规格、牌号、质量等级均应符合设计要求并分类码放，进厂时应有出厂质量证明或厂家的试验报告单，钢筋表面或每捆钢筋均应有标志，且与报告单中批号吻合，否则不得进场。

（2）钢筋加工

代夫尼亚项目采用成型钢筋集中加工配送技术，加工成型的钢筋经验收合格后分类码放，挂标识牌。

（3）钢筋连接和绑扎

顶板的横向、纵向钢筋均用白色涂料弹出钢筋排放线，放线严格按照欧洲标准进行。墙体纵横向钢筋绑扎时设置竖向和横向梯形筋或双F卡控制钢筋间距，柱子钢筋绑扎时设置定位框控制钢筋间距。柱子上口根据柱子钢筋数量设置定位框。

3. 综合效益分析

（1）经济效益评估

相关资料显示，在同样技术条件下，使用HRB400钢筋替代HRB335钢筋，其抗拉、抗压强度设计值从300MPa提高至360MPa，可节约10%～15%的钢材，节约5%～8%以上的费用；替代HPB235钢筋可节省42%的钢材，节约资金在20%左右。从工程整体来看，既提高了钢筋混凝土结构的综合性能，又减少了钢材用量，降低了工程总成本。由于用量减少，钢筋的运输、加工、人工等费用也都相应减少，经测算每$10m^3$钢筋混凝土结构工程钢筋费用可节省170~250元。

（2）社会效益评估

HRB400热轧钢筋强度高、韧性好、易焊接、性能稳定，可以提高混凝土结构的抗震性能，增加建筑物安全度。对高层建筑和有抗震要求的工程作用尤其显著。同等技术条件下，HRB400比HRB335钢筋用量少，配筋密度小，有益于混凝土浇筑，施工方便。还可减少施工中的运输量、场地占用量以及施工工作量，节省了物质资源的消耗，为创建低碳、节约型社会做出了贡献。

（二）有粘结预应力技术

1. 技术内容

有粘结预应力技术是指在结构或构件中预留孔道，待混凝土硬化达到一定强度后，穿入预应力筋，通过张拉预应力筋并采用专用锚具锚固在结构中，然后在孔道中灌入水泥浆。其技术内容主要包括材料及设计技术、成孔技术、穿束技术、大吨位张拉锚固技术、锚头保护及灌浆技术等。该技术可用于多、高层房屋建筑的楼板、转换层和框架结构等，以抵抗大跨度或重荷载在混凝土结构中产生的效应，提高结构、构件的性能，降低造价，有粘结预应力技术具体包括以下内容。

材料选型与设计技术：结合目标建筑物结构受力特点，从预应力钢绞线选型、力学模型构建与分析、孔束设置、张拉指标等对建筑物预应力工程进行设计。

孔道成型技术：孔道成型技术主要有钢管抽心法、胶管抽心法、预埋波纹管法等几种方法。

预应力钢绞线穿束技术。

预应力张拉锚固技术。

锚头保护及灌浆技术。

2. 项目实践

代夫尼亚项目生料均化库混凝土库壁采用有粘结预应力混凝土设计（图7-5），混

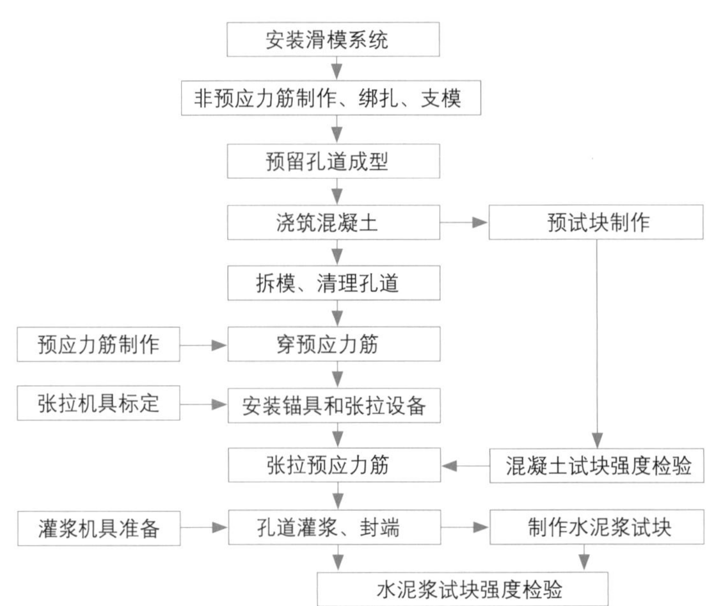

图7-5　有粘结预应力系统施工主要工艺流程

凝土库壁施工采用滑模技术：

代夫尼亚项目针对生料均化库库壁滑模预应力混凝土的结构特点，根据有粘结预应力技术的标准，制定了有针对性的施工方案和工艺流程。

（1）材料选型与设计

结合项目建筑物结构受力特点，对生料均化库预应力工程进行设计，降低了混凝土库壁的配筋率，有利于筒仓滑模施工。

（2）孔道成型

生料均化库的预应力孔道成型采用预埋波纹管的方法。根据孔道尺寸选择波纹管规格，波纹管连接采用大一号同型波纹管，其接头长度为200~300mm并用封胶带封口。

（3）预应力钢绞线穿束

预应力钢绞线穿束使用电动钢绞线穿束机进行穿束作业。穿筋前，应检查钢绞线的规格、数量、总长是否符合要求。穿筋时，钢绞线应按顺序编号，并套上穿束器。钢绞线可单根或整束穿入孔道，采用单根穿入时，应按一定的顺序进行，以免钢绞线在孔道内紊乱。采用整束穿入时，钢绞线应排列理顺，并用铁丝扎牢。

（4）预应力张拉锚固

预应力筋的张拉顺序采取分批、分阶段对称张拉。生料均化库库壁为曲线构件，曲线预应力筋在两端张拉比较合适。

（5）锚头保护及灌浆

灌浆前孔道应压水清洗干净，灌浆用的水泥浆应过筛，在灌浆过程中应不断搅拌，以免沉淀析水，同时检查灌浆孔、出气孔是否与预应力筋孔道连通；预应力筋张拉完后应尽早进行孔道灌浆，以减少预应力损失；灌浆压力一般为0.4～0.6MPa；制作水泥浆试块；浇筑封端混凝土或端部防护处理，并注意混凝土养护；预应力筋锚固后的外露长度不宜小于30mm，多余部分宜用砂轮锯或切割机切割，不得采用电弧或氧乙炔焰切割。

（三）建筑用成型钢筋制品加工与配送技术

1. 技术内容

建筑用成型钢筋制品加工与配送技术（简称“成型钢筋加工配送技术”）是指由具有信息化生产管理系统的专业化钢筋加工机构进行钢筋大规模工厂化与专业化生产、商品化配送、具有现代建筑工业化特点的一种钢筋加工方式。其主要采用成套自动化钢筋加工设备，经过合理的工艺流程，在固定的加工场所集中钢筋加工成为工程所需的成型钢筋制品，按照客户要求其进行包装或组配，运送到指定地点。信息化管理系统、专业化钢筋加工机构和成套自动化钢筋加工设备三要素的有机结合是成型钢筋加工配送区别于传统场内或场外钢筋加工模式的重要标志。

成型钢筋加工配送技术主要包括内容如下：

信息化生产管理技术：从钢筋原材料采购、钢筋成品设计规格与参数生成、加工任务分解、钢筋下料优化套裁、钢筋与成品加工、产品质量检验、产品捆扎包装，到成型钢筋配送、成型钢筋进场检验验收、合同结算等全过程的计算机信息化管理。

钢筋专业化加工技术：采用成套自动化钢筋加工设备，经过合理的工艺流程，在固定的加工场所集中钢筋加工成为工程所需的各种成型钢筋制品，主要分为线材钢筋加工、棒材钢筋加工和组合成型钢筋制品加工。线材钢筋加工是指钢筋强化加工、钢筋矫直切断、箍筋加工成型等；棒材钢筋加工是指直条钢筋定尺切断、钢筋弯曲成型、钢筋直螺纹加工成型等；组合成型钢筋制品加工是指钢筋焊接网、钢筋笼、钢筋桁架、梁柱钢筋成型加工等。

自动化钢筋加工设备技术：自动化钢筋加工设备是建筑用成型钢筋制品加工的硬件支撑，是指具备强化钢筋、自动调直、定尺切断、弯曲、焊接、螺纹加工等单一或组合功能的钢筋加工机械，包括钢筋强化机械、自动调直切断机械、数控弯箍机械、自动切断机械、自动弯曲机械、自动弯曲切断机械、自动焊网机械、柔性自动焊网机械、自动弯网机械、自动焊笼机械、三角桁架自动焊接机械、梁柱钢筋骨架自动焊接机械、封闭箍筋自动焊接机械、箍筋笼自动成型机械、螺纹自动加工机械等。

成型钢筋配送技术：按照客户要求与客户的施工计划，将已加工的成型钢筋以梁、柱、板构件序号进行包装或组配，运送到指定地点。

2. 项目实践

代夫尼亚项目实施期间为2012~2014年，当时成型钢筋加工配送技术在国内还没有普遍应用，该项目首次将成型钢筋加工配送技术应用到项目现场土建施工中，取得了良好的效果，践行了创新、环保的理念。

结合项目所在国的国情、海外施工的特点以及项目场地的实际情况，项目部因地制宜，针对成型钢筋加工配送技术的各实施要素进行了本土化的资源配置，制定了自主实施图纸设计数字信息化、外包钢筋加工和运输的实施方案。

图纸设计数字信息化：根据项目工程管理数字信息化的要求及外包钢筋加工工厂自动化钢筋加工设备的软件要求，项目部组织技术力量同钢筋加工工厂工程师紧密配合，组织当地设计力量对钢筋设计图纸进行二次设计转化。二次设计转化工作主要考虑项目信息化管理的实际需要、钢筋加工设备的兼容性、当地钢筋加工技术标准的要求、与现场钢筋绑扎施工的匹配性以及道路运输的限制性要求等适应性要求。

钢筋成型：钢筋成型是成型钢筋加工配送技术的核心环节。考虑到成本和工期的因素，项目没有选择自己组织加工配送中心，而是通过公开招标，根据钢筋加工自动化和项目数字化管理的要求，选取当地有实力的专业钢筋加工企业进行合作。据统计，项目所需要的6000多吨钢筋，全部由钢筋成型加工配送系统完成，大大提高了工作效率。

钢筋配送系统：钢筋配送系统是连接加工和现场施工的桥梁。项目部充分利用互联网的优势，通过互联网建立信息互通平台，使后方钢筋加工企业与前方施工端互通信息，建立加工计划和现场施工计划的有效互动，使加工企业的成品库存和现场施工需求达到了动态的平衡，最大限度提高效率，减少浪费。

3. 技术特点

（1）集中配置优势资源，提高加工效率，减少浪费。

（2）提高钢筋原材利用率，降低施工成本。

（3）优化现场施工场地利用效率，实现现场清洁、环保的绿色项目施工理念。

（4）在项目所在地施工配套条件不完善或项目规模较小的前提下，使用成型钢筋加工配送技术有可能会增加项目成本。

第四节　模板及脚手架技术

（一）清水混凝土模板技术内容

清水混凝土模板技术是指按照清水混凝土技术要求进行设计加工，满足清水混凝土质量要求和表面装饰效果的混凝土模板施工体系。

（二）清水混凝土模板特点

清水混凝土工程是直接利用混凝土成型后的自然质感作为饰面效果的混凝土工程，分为普通清水混凝土、饰面清水混凝土和装饰清水混凝土。清水混凝土表面质量的最终效果取决于清水混凝土模板的设计、加工、安装和节点细部处理。

模板表面的平整度、光洁度、拼缝、孔眼、线条、装饰图案及各种污染物均拓印到混凝土表面上。因此，根据清水混凝土的饰面要求和质量要求，清水混凝土模板更重视模板选型、模板分块、面板分割、对拉螺栓的排列和模板表面平整度。

（三）清水混凝土模板设计

模板设计前应对清水混凝土工程进行全面深化施工方案设计，妥善解决好对饰面效果产生影响的关键问题，如明缝、蝉缝、对拉螺栓孔眼、施工缝的处理、后浇带的处理等。

模板体系选择：选取能够满足清水混凝土外观质量要求的模板体系，具有足够的强度、刚度和稳定性；模板体系要求拼缝严密、规格尺寸准确、便于组装和拆除，能确保周转使用次数要求。

模板分块原则：在起重荷载允许的范围内，根据蝉缝、明缝分布设计分块，同时兼顾分块的定型化、整体化、模数化、通用化。

面板分割原则：应按照模板蝉缝和明缝位置分割，必须保证蝉缝和明缝水平交圈、竖向垂直。

对拉螺栓孔眼排布：应达到规律性和对称性的装饰效果，同时还应满足受力要求。

节点处理：根据工程设计要求和工程特点合理设计模板节点。

（四）清水混凝土模板施工特点

模板安装时遵循先内侧、后外侧，先横墙、后纵墙，先角模、后墙模的原则。吊装时注意对面板保护，保证明缝、蝉缝的垂直度及交圈。模板配件紧固要用力均匀，保证相邻模板配件受力大小一致，避免模板产生不均匀变形。

（五）项目实践

代夫尼亚项目为水泥工厂建设项目，混凝土结构工程中，梁、板、柱、设备基础的混凝土成型采用清水模板施工工艺，要求拆模后混凝土表面光洁，棱角方正，表面无需抹灰。保证模板的外形尺寸、外观质量是确保工程质量的关键因素。

1. 模板方案设计原则

保证模板的强度、刚度、稳定性，截面尺寸准确，表面平整光洁，经济合理、操作方便。

清水模板表面处理采用组合大模板，表面涂刷聚酯脱模剂涂层。接缝处理采用定制的单面带胶的海绵条事先贴在模板边缘，模板成型后不跑浆。

2. 具体施工工艺

梁、柱模板支设：梁、柱模板支设采用组合大模板配合对拉螺栓加固。模板背加固龙骨用50mm×100mm方木，龙骨间距大于或等于300mm，柱箍间距500mm。柱子支撑使用定制可调拉杆，每面根据梁柱截面尺寸大小设置4~6根可调拉杆。

柱模校正（图7-6）：校正采用经纬仪通过可调拉杆，纵横坐标钢丝，调整柱模拉杆，达到轴线位置准确，对角线相等。在浇筑混凝土时，事先预埋好校正模板的拉结锚固点，模板根部预埋限位短钢筋。

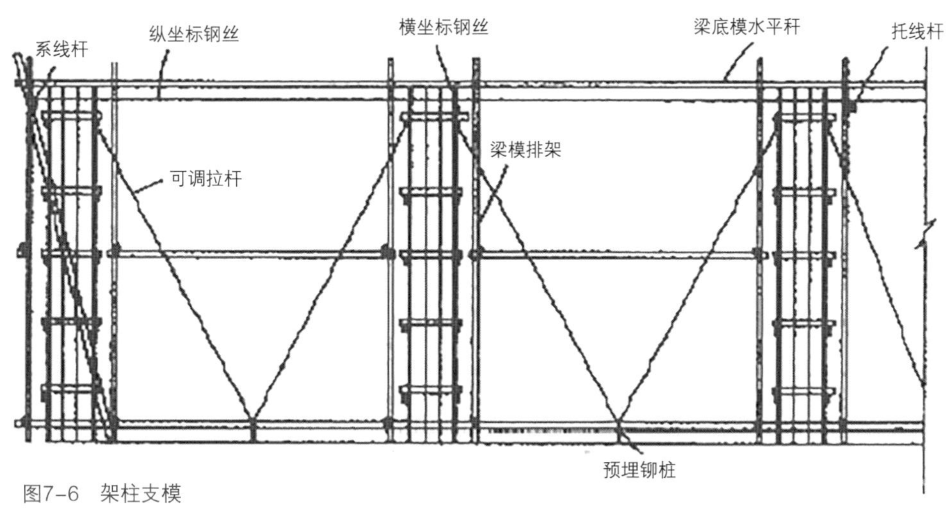

图7-6　架柱支模

浇筑柱混凝土时，采用独立式操作平台施工。柱模板严禁与连续梁模板的钢管排架支撑体系连接，以防外力使控制柱坐标网和模板位移。

支撑系统施工：框架梁支模采用钢管支撑，采用快拆组合模板体系，因框架梁自重较大，故钢管排架支撑杆采用双支立杆，间距根据设计图纸经计算确定，水平连杆高度为1200mm，并设纵横剪刀撑。

（六）模板支设要点

1. 阳角处理方法

主要是柱阳角。保证角方正、垂直和不漏浆，梁、板模板支设前，应先将梁、柱交界处的柱头模板支设好，然后再支框架梁、次梁模板。

2. 垂直度控制

柱模垂直度可用拉杆加斜撑加固和控制，拉通线全过程监控。

3. 平整度控制

要点如下：

（1）模板选用组合大块板。

（2）加强模板背楞刚度，加大可调拉杆直径，以增强模板刚度。

（3）红外测向仪全过程监控、校正。

（4）梁底变形位移实时监控。

（5）柱模根部提前做特别漏浆处理。

第五节　钢结构技术

（一）厚钢板焊接技术

1. 主要技术

本项目在设计过程中，厚钢板主要使用在核心设备回转窑筒体和核心结构预热器塔架主框梁及钢柱上，从常规厚度钢板（20mm以内）至最厚钢板（100mm），在制作阶段对厚钢板焊接技术的要求以及质量控制都有着严格的要求。从厚钢板使用对象来看，主要包括以下两个方面：

回转窑筒体厚钢板（图7-7）：回转窑为水泥厂的核心设备，本项目回转窑内径尺寸4.6m、长度67.5m，理论长度上由不同厚度的30张钢板卷制而成，厚度由最薄钢板28mm至最厚钢板75mm组成；每段节首先须有相同厚度的钢板拼接卷制，每段节之间分段焊接整体成型，不论在单个短接拼接焊接或者短节之间的拼接焊接，都对焊接质量有严格的要求，体现了高技术含量的焊接技术。

预热器塔架主框梁和钢柱厚钢板（图7-8）：预热器塔架为水泥厂的核心结构建筑，结构从基准标高到钢柱顶部标高高度为99.1m。在设计过程中，主框梁主要由热轧型钢和拼接型钢组成，钢柱全部由拼接型钢组成。主框梁和钢柱拼接型钢钢材厚度最厚均为40mm，钢柱底板厚度为100mm。

2. 厚钢板焊接技术及控制要点

厚钢板焊接技术重点在于正式焊接之前的焊接技术评定，针对采用的钢板厚度进行专门的焊接评定，在施焊过程中严格按照工艺评定的程序进行施焊。焊接质量要达到射线探伤合格的要求。

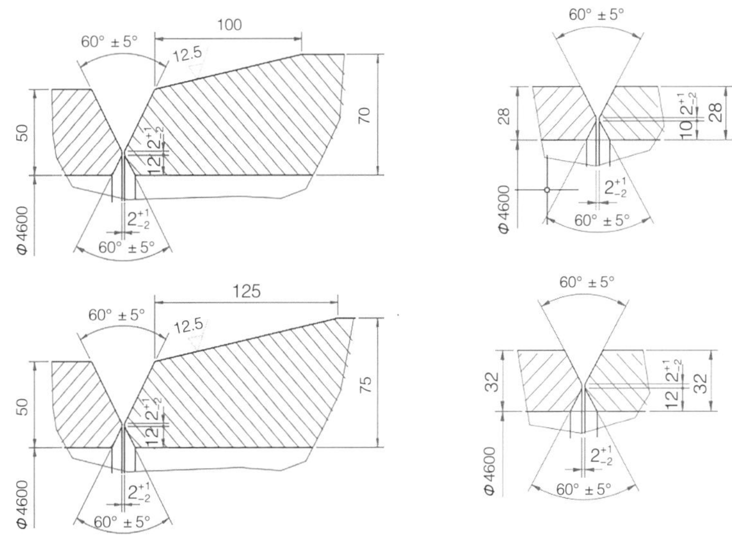

图7-7　回转窑筒体厚钢板典型焊接形式

图7-8　预热器塔架钢梁

厚钢板焊接质量控制要点在于焊接过程中构件的变形及缺陷的处理，在焊接过程中针对焊接方式、焊接人数、焊接环境、焊接方法都要严格按照要求进行，对焊接人员的水平也要严格控制，否则出现构件变形或焊接质量有缺陷进而导致验收不合格。

（二）模块式钢结构框架组装、吊装技术

本项目在实施过程中，在制作和安装过程中，针对钢结构采用了框架组装和整体吊装技术，主要考虑因素为两个方面：

设计因素：本项目钢结构设计尤其是预热器塔架设计，构件连接全部为螺栓连接。这种设计方式对制作构件精度要求非常高，为了在制作过程中发现并纠正设计错误及制作可能引起的尺寸偏差，采用了平面和立面结构整体组装的技术，在出厂之前发现问题并进行纠正。

安装因素：在安装过程中，考虑到安装工序或安装条件，采用了整体组装和吊装技术，主要使用在以下几个结构上：

预热器塔架主楼层面结构（图7-9）：考虑到安装工序，塔架主楼层面结构在制作工厂出厂前已经进行整体组装，因此采用在地面组对拼装，然后整体吊装的技术方案，极大地节省了施工时间。

预热器塔架主楼梯结构：因主楼梯结构交货较晚，且结构构件均为小件，因此也采用地面拼装后整体吊装的技术方案，极大地缩短了高空拼装时间，整体上减少了施工风险并节省了施工时间。

生料库底结构：考虑到施工环境，生料库底无法使用大型吊装机具，且施工空间狭小局促，无法规模化施工，因此采用地面拼装后整体吊装的技术方案，比常规施工缩

图7-9　塔架主楼层框架结构整体组装

短了近一半的施工时间。

框架组装和整体吊装技术主要避免了因设计和制作过程中的问题而影响整体施工进度，也减少了作业风险并节省了施工时间。

第六节　机电安装工程技术

（一）管线综合布置技术

管线综合布置技术是依靠计算机辅助制图手段，在施工前模拟机电安装工程施工完后的管线排布情况，即在未施工前先根据施工图纸在计算机上进行图纸“预装配”。

根据模拟结果，结合原有设计图纸的规格和走向，进行综合考虑后再对施工图纸进行深化，达到实际施工图纸深度。应用管线综合布置技术极大缓解了机电安装工程中存在的各种专业管线安装标高重叠、位置冲突的问题，不仅可以控制各专业和分包的施工工序，减少返工，还可以控制工程的施工质量与成本。

1. 技术特点

管线综合布置技术：各专业的施工人员提前熟悉图纸。通过提前审图这一过程，使施工人员了解设计的意图，掌握管道内的传输介质及特点，弄清管道的材质、直径和截面大小、敷设要求等，明确各层净高、管线安装敷设的位置和有吊顶时能够使用的宽度，特别是风管截面尺寸及位置、保温管道间距要求、无压管道坡度、强弱电桥架的间距等。通过“预装配”的过程把各个专业未来施工中的交汇问题全部暴露出来，提前解决，达到合理安排整个工程各专业或各分包的施工穿插及顺序的目的。

预先核算计算：应用综合支吊架。综合支吊架的最大优点是不同专业的管线使用一个综合支架，减少支架的使用，合理利用了空间，同时降低了成本。通过采用管线综合布置技术，更好地进行综合支架的选择和计算。

2. 综合管线设计原则

在对建筑管线进行科学的综合布置时，首先要根据各管线系统的性能和用途的不同来实施布置。目前建筑物中的管线工程大体可分为以下几类：

给水管道：包括生活给水，消防给水，工业、生产用水等。

排水管道：包括生产、生活污水，生产、生活废水，屋面雨水等。

热力管道：包括供暖、热水供应及空调空气处理中所需的蒸汽或热水。

空气管道：包括通风工程、空调系统中的各类风管，以及某些生产设备所需的压缩空气、负压吸引管等。

供配电线路或电缆：包括动力配电、电气照明配电、弱电系统配电等，其中弱电系统包括共用电视天线、通信、广播及火灾报警系统等。

建筑设备中管线工程综合布置要做到安全、合理、经济、实用，在保证工艺要求和使用要求的基础上还应做到节约投资。因此，根据近年来的管线施工经验，在进行多系统综合管线布置时，应坚持以下原则：

（1）小管避让大管（小管造价低、易安装）。

（2）临时管线避让长久管线，以保证长久管线使用的稳定性。

（3）新建管线避让原有管线，避免对原有管线造成不利影响。

（4）压力管道避让重力自流管道（重力流有坡度要求，不能随意抬高或降低）。

（5）金属管避让非金属管（金属管易弯曲、切割和连接）。

（6）冷水管避让热水管（热水管往往需要保温，造价较高）。

（7）给水管避让排水管（排水管多为重力流，且管内污物易发生堵塞，故应直接排至室外）。

（8）热水管避让冷冻管（冷冻管管径较大，宜短而直，有利于工艺和造价）。

（9）低压管避让高压管（高压管造价高）。

（10）空气管避让水管（水管宜短而直）。

（11）附件少的管道避让附件多的管（有利于施工操作和检修、更换管件）。

（12）管道分层布置时，由上而下按蒸汽、热水、给水、排水管线顺序排列。

（13）各种管线在同一处布置时，应尽可能做到呈直线、互相平行、不交错，还要考虑预留出施工安装、维修更换的操作空间，设置支柱、吊架的空间以及热膨胀补偿的余地等。

3. 适用范围

适用于多专业或分包单位的建筑机电安装工程管理，尤其适用于机电工程总承包管理。

4. 应用概况

本工程水泵房及行政楼更衣室内管道及电缆桥架安装均使用管线综合布置技术（图7-10），该技术在施工前对机电安装工程模拟施工完后的管线排布情况，即在未施工前先根据施工图纸在计算机上进行图纸“预装配”。经过“预装配”，施工单位可以直观地发现设计图纸上的问题，尤其发现施工中各专业之间设备管线的位置冲突和标高重叠，在提高工作效率、加快施工进度的同时，达到美观大方的效果。在本工程中，共有各种型号管道1000m，电缆桥架500m，通过应用该技术，未出现一处管线冲突的地方，对缩短工期有很大的帮助。

图7-10　管线综合布置技术在本工程中的应用效果

（二）大管道闭式循环冲洗技术

1. 工程概况

项目的水系统包含冷却循环水、工艺水、消防灭火用水等，主管网采用埋地HDPE管道，管道总长达2000m。

2. 关键技术施工方法及创新点

管网在投入运行前必须清除管内残存物及杂质。目前，采用闭式循环冲洗是既环保又节能的清洗方法。

由于系统中涉及的小管径冷却设备如罗茨风机轴承冷却接口、水冷空调系统末端的风机盘管等的末端设备中的换热盘管管径较小，流速较慢，杂物会逐步产生沉积，造成管径的过水断面越来越小，形成堵塞，从而造成末端设备无法冷却。

3. 管道冲洗原理

利用水在管内流动时所产生的动力和紊流、涡流、层流状态以及水对杂物的浮力作用，迫使管内残存物质在流体运动中悬浮、移动、滚动，从而使管内残存物质随流体运动带出管外或沉积于除污管或在过滤器内清除掉。这种向管内注水使其在管内闭式循环，经过多次注水、循环、排水、再换水、循环、排水的过程称为闭式循环清洗。

（1）冲洗原理

利用水在管内流动的动力和紊流的旋涡及水对杂物的浮力，迫使管内杂质在流体中悬浮、移动，从而使杂质由流体带出管外或沉积于除污短管内。

（2）冲洗原则

1）供水管道、回水管道的最终端连通，并安装连通阀门，先冲远处，后冲近处；先冲支管，再冲干管。

2）先脏水循环冲洗，再换清水循环冲洗，最后换净水循环冲洗。

（3）冲洗工艺

对系统冲洗管段进行划分→过滤器设计、制作→设备与管道隔断→供回水管路连通→系统灌水→管道冲洗→排出污水→管路恢复。

4. 冲洗流速及冲洗回路的确定

杂质在流体中的运动状态随流体流速的变化而变化，流体流速愈大，被冲出的杂质量愈大。假设砂、砾石等的当量直径平均为10mm，根据杂质在管内的运动状态及经验数值，要使杂物在管内随水流运动，水流速度必须大于1.0m/s，而要达到冲洗效果，规范要求冲洗流速必须大于1.4m/s。系统在正常运行状态支管设计流速一般为1.0~1.2m/s。

根据杂质在管内的运动状态，选择冲洗速度和最长冲洗长度。冲洗段为总干管和支线两个段。冲洗水池和水泵应设在管网的起点，便于系统的选择和分配。

尽量用永久性设施及总供水泵站，可以大量节约资金；尽量靠近电源和水源地，减少临时用水、用电设施的费用。根据最小冲洗速度计算出最大冲洗流量，确定水泵的额定流量。根据最小冲洗速度计算沿程阻力损失、局部阻力损失、杂质在管内运动所耗的损失总和，确定水泵的额定扬程。根据水质含沙泥程度，确定水泵种类。

5. 管道冲洗程序

（1）冲洗前准备

系统试压完成，端点加固、支撑完成，临时管道、阀门等全部安装就位。

水泵、电气安装调试完成。

供水、供电已疏通等。

为确保冲洗管路形成回路并保证冲洗杂物不进入设备，应对系统中的设备、管路进行隔离、连通或加装过滤器。对于连接在支干管上的末端设备，只需关闭出入口阀门。对于在供回水干管上不允许连入冲洗系统的设备，采取安装旁通的方式进行处理。对于在供回水干管系统上无法进行隔离、连通的设备，均需要设临时过滤器，以确保冲洗过程中不损坏设备或冲洗杂物在设备中不沉积。沟通供回水干管，在干管最高处安装自动排气阀。

（2）系统注水

冲洗的系统主干线、支线的供水管和回水管内全部注满水，并在高处排放空气；水泵注水，若管内试压水未排掉，要补充注水，直至全部注满水。

（3）粗洗循环

启动冲洗水泵，进行1～2h管内脏水循环，迫使管内沉积的砂、砾石等杂质沿水流方向移动而最终沉积到除污短管中，使轻质悬浮杂质沿管道排水口排入水池中，经过滤清除掉。根据出水管处的出水，观察系统出水颜色，如出水颜色很深，即携带脏物很多，应放水，进行第二次冲洗，然后排净系统中的水。

（4）清水循环

粗洗后的脏水停泵后立即排入雨水管道内（不要在停泵静止后再排），待管道内最低点水全部排净后，关掉排水阀门，清洗水池，再向供水管内和回水管内注入清水。管内水满后，再开启冲洗水泵，循环1～2h以后，迅速排掉管中的浑水。这个过程是使管内的细砂等有足够的时间移动沉入除污短管里。若循环不理想，可延长循环时间。

（5）净洗循环

净洗，是在清水循环后，浑水全部排掉后注入正式用水，继续开泵循环，使管内全部杂质都沉积在除污短管里面，经检查合格后结束清洗循环。如检查不合格，延长清洗循环时间，直至检查全部合格。

（6）恢复系统

冲洗完毕后，拆除系统的沟通管路及过滤装置，去除杂物并将系统整个管路恢复到设计状态，同时关闭各个出入口处阀门，保证系统中全部充满水，直到试运转时再放水。

（7）注意事项

使用循环水泵时必须征得甲方及监理的同意，且应在有关水泵的所有安装调试工作全部完成后进行。

1）冲洗时所有安装在系统管路上的压力、流量、温度检测等检测仪表、装置，应进行拆除或采取必要的保护措施。

2）冲洗时应确认干管冲洗干净，大颗粒悬浮物已基本去除后，再进行支管的冲洗。

3）循环时间，视水内含杂质情况而延长或缩短。

4）脏水循环尽可能时间长些，使杂质有足够时间移动沉在除污短管里。

5）多支管冲洗时，编出冲洗顺序图，严格按顺序冲洗，防止环路短路漏掉支管冲洗。先冲洗最远段，再就近段。在选择时，一定要控制开关连通管，系统必须形成循环。

（8）冲洗技术指标

冲洗后的排水应无砂、泥和悬浮物，水中应无油、无有机溶剂。

6. 适用范围

本技术适合所有管网内壁冲洗，特别是大型、特大型管道的内壁冲洗。设有供水、回水的管网如大型冷却循环水管网，应用此技术更经济，效果更好；单管输送的大型管道做连通管形成环路也可采用此方法。

第七节　信息化应用技术

一个完整的水泥生产线施工过程中有上万个相关文件、多个版本，如何让客户、分包商、承包商等多家单位，在相当长时间跨度内，共同使用而不出错，这对管理提出了比较严苛的要求。

文件集成管理：参与该项目各方以编码系统为线索，以客户为主导，通过采用统一文件管理平台PDMS（图7-11），集成上万份图纸文件，实现客户、分包商、承包商共

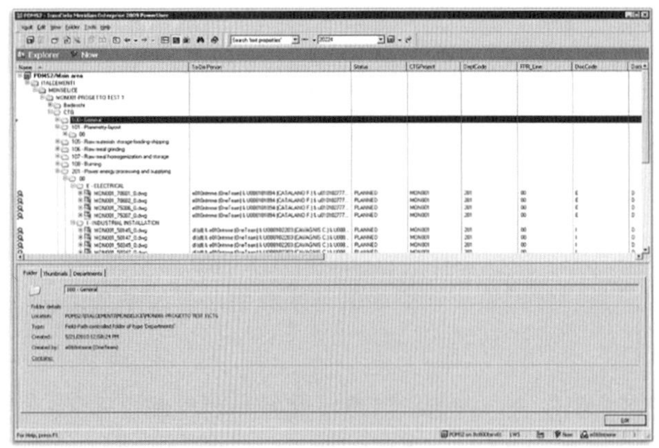

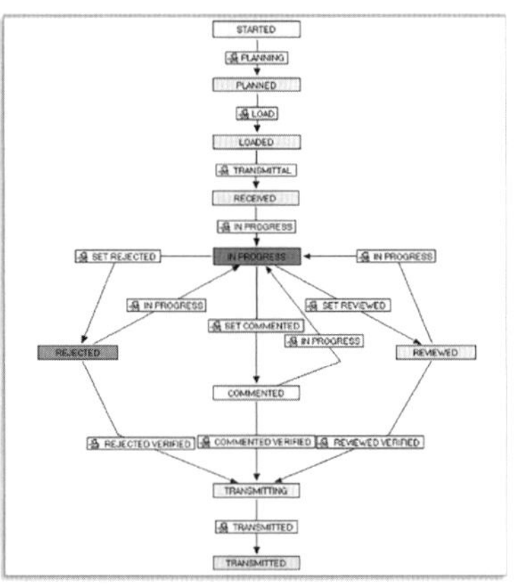

图7-11　信息化应用技术

同使用而不出错的良好管理。

先进的管理系统、相关配套规则及有效的执行策略，充分发挥系统优势，有效服务工程。

第八节　环保、节水、节能技术

（一）太阳能热能与建筑一体化应用

太阳能是一种洁净和可再生能源，具有资源丰富、免费使用、无需运输，且对环境无任何污染的特点。对太阳能热能的利用可有效减轻燃料燃烧污染空气产生的全球变暖问题。现代的太阳能热水技术通过阳光聚合，运用能量产生热水，是一种较成熟的可再生能源利用方式。

太阳能热水系统由太阳能集热系统和热水供应系统构成，主要包括太阳能集热器、储热水箱、循环管道、支架、控制系统、热交换器和水泵等设备和附件。太阳能集热系统是太阳能热水系统特有的组成部分，是太阳能得以合理利用的关键。

本工程中设置了行政楼及更衣室，两栋建筑的热水由太阳能系统和燃气锅炉同时提供。方案主热源由燃气锅炉提供，辅助热能采用德国布德鲁斯真空管式太阳能集热管制热，主要元件包括收集器、储存装置及循环管路三部分。

1. 系统组成

系统设计有两组容器。一个为4000L缓冲容器，用于保护自由太阳能。另外一个以两个容器作为一组，为“备用”加热容器，每个容量为1500L，两容器直接连接到天然气锅炉的集成热交换器，设置三通电动阀以在需要时管理不同的加热模式。

太阳能集热器（图7-12）：真空集热器，一个好的太阳能集热器的使用寿命为20～30年。太阳能集热器设计为 24 个真空管，每个真空管面积为4.32m^2，吸收器面积3.02m^2，孔径面积3.23m^2，光学效率为 77.7%。一回路设计为8排3个集热器。太阳能系统和缓冲容器与板式换热器相连。

膨胀罐：ERCE-100 I 型封闭隔膜膨胀容器，容积为100L，最大工作压力10bar。

2. 热水循环方式

热水系统用水泵使水在集热器与储水箱之间循环（图7-13）。当收集器顶端水温高于储水箱底部水温若干度时，控制装置启动水泵，使水流动。水入口处设有止回阀，以防止夜间水由收集器逆流，引起热损失。同样设计条件下，其较自然循环方式可以获得较高水温（图7-14）。

图7-12　太阳能集热器

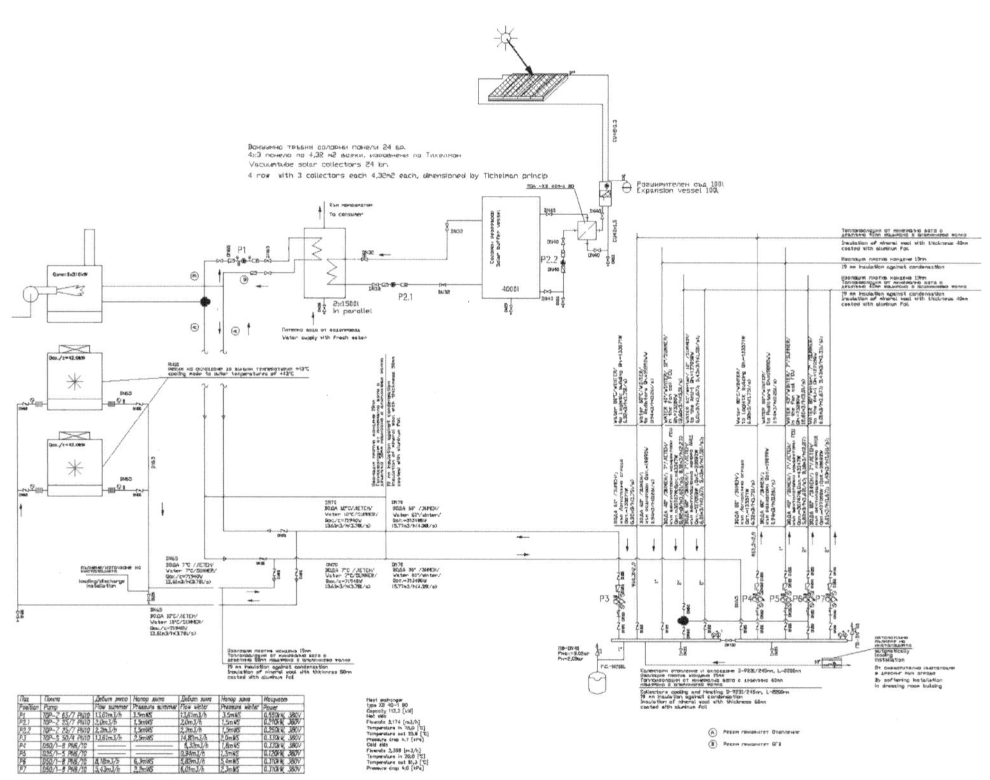

图7-13　热水系统图

图7-14　缓冲罐和换热箱

3. 安装操作工艺

安装准备→支座架安装→热水器设备组装→配水管路安装→管路系统试压→管路系统冲洗或吹洗→温控仪表安装→管道防腐→系统调试运行。

（1）安装准备

根据设计要求开箱核对热水器的规格型号是否正确，配件是否齐全。

清理现场，划线定位。

（2）支座架安装

根据设计详图配制，一般为成品现场组装。其支座架地脚盘安装应符合设计要求。

（3）热水器设备组装

集热器玻璃安装宜顺水搭接或框式连接。集热器安装方位：在北半球，集热器的最佳方位是朝向正南，最大偏移角度不得大于15℃。集热器安装倾角：最佳倾角应根据使用季节和当地纬度确定，在春、夏、秋三季使用时，倾角设备采用当地纬度；仅在夏季使用时，倾角设置比当地纬度小10°；全年使用或仅在冬季使用时，倾角比当地纬度大10°。

贮热水箱：热水应从水箱上部流出，接管高度一般比上循环管进口低50~100mm。为保证水箱内的水能全部使用，应从水箱底部接出管与上部热水管并联。

上循环管接至水箱上部，一般比水箱顶低200mm左右，并要保证正常循环时其淹没在水面以下，且浮球阀安装后工作正常。

下循环管接自水箱下部，为防止水箱沉积物进入集热器，出水口宜高出水箱底

50mm以上。由集热器上下集管接往热水箱的循环管道，应有不小于0.005的坡度。水箱应设有泄水管、透气管、溢流管和所需的仪表装置。

贮热水箱安装要保证正常循环，贮热水箱底部必须高出集热器最高点200mm以上；上下集管设在集热器以外时，应高出600mm以上。

（4）配水管路安装

为减少循环水头损失，应尽量缩短上下循环管道的长度和减少弯头数量，应采用大于4倍曲率半径、内壁光滑的弯头和顺流三通。管路上不宜设置阀门。

在设置多台集热器时，集热器可以并联、串联或混联，但要保证循环流量均匀分布。为防止短路和滞流，循环管路要对称安装，确保各回路的循环水头损失平衡。

（5）管路系统试压

应在未做保温前进行水压试验，其压力值应为管道系统工作压力的1.5倍，最小不低于0.5MPa。

（6）管路系统冲洗或吹洗

系统试压完毕后应做冲洗或吹洗工作，直至污物冲净。

（7）温控仪表安装

热水器系统安装完毕后，在交工前按设计要求安装温控仪表。

（8）管道防腐

按设计要求做好防腐和保温工作。

（9）系统调试运行

太阳能热水器系统交工前进行调试运行。系统上满水，排出空气，检查循环管路有无气阻和滞流，机械循环检查水泵运行情况及各回路温升是否均衡，并做好温升记录，水通过集热器一般应温升3～5℃。符合要求后办理交工验收手续。

（二）雨水收集回用系统

在现代社会，随着人口的增长和工业的不断发展，一方面人们对水的需求量日益加大，另一方面人类的生活和生产活动对水资源的破坏程度越来越严重，造成了水资源短缺的局面不断加剧。与生活污水和工业废水相比，雨水具有污染程度小、处理回用简单的优势。因而，对其收集、处理回用是解决水资源紧缺与经济社会发展之间矛盾、缓解水危机、改善水环境的有效措施。在项目施工中，厂区道路和屋面雨水污染程度较轻，处理成本低，是项目组收集利用的主要对象（图7-15）。

雨水在进行收集、贮存和净化后，水质达到标准，可直接用于冲洗路面、绿化、洗

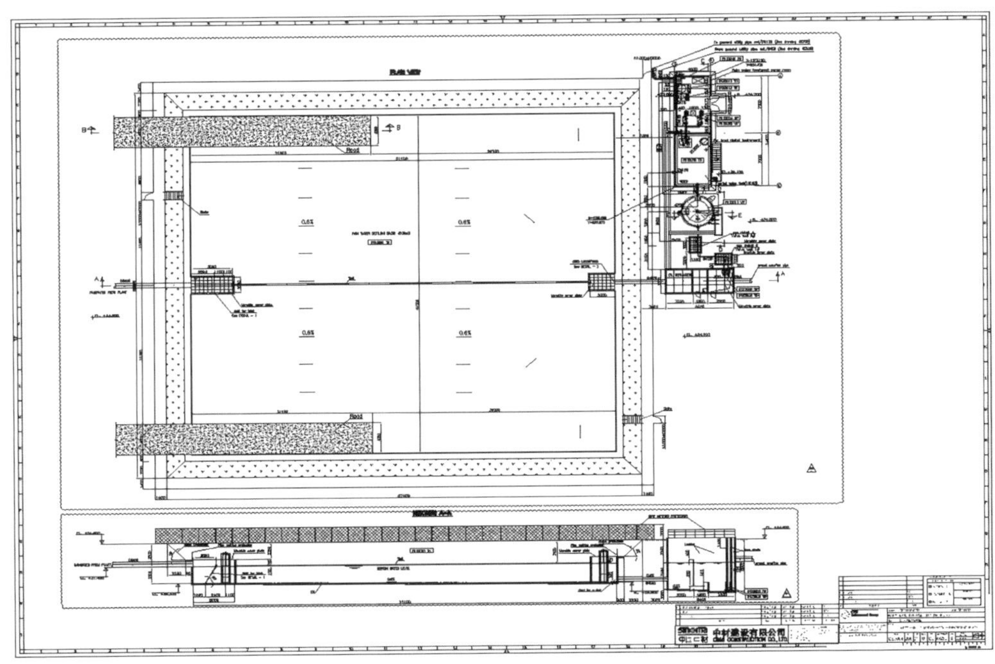

图7-15　雨水收集回用系统布置图

车、冲厕等。雨水处理设备具有一定的蓄水功能，在强降雨时能够有效蓄洪，减轻管网压力，减少管网投资。同时，雨水收集池（图7-16）必要时可当作消防水池（但不可替代）。

项目所在地为保加利亚瓦尔纳，属温带大陆性气候。东部受黑海影响，南部受地中海影响，1月气温在-1～6℃之间，7月气温在18～27℃之间，年平均降雨量在450～600mm之间，降雨量充沛，有效地利用雨水资源可直接增加可供水量，减少了市政供水量。

1. 系统工艺

在降雨时，雨水经过屋面及路面收集系统，经过格栅过滤，去除大体积的废弃物后进入雨水调节池。雨水调节池的作用有二：一是进行沉淀，去除水中夹带的泥沙等无机颗粒；二是进行流量调整，使后续处理设施在设定的参数下运行，进而保证其除污效能的充分发挥。当雨水调节池的液位达到高水位时，启动提升泵，雨水泵入雨水蓄水池，雨水蓄水池中的原水经泵提升并经投加混凝剂后进入过滤器内，在滤料的机械筛分作用下，混凝剂与水中的有机物等污染物形成的絮体等固形物被截留、去除。滤后水靠余压自流进入清水池；在清水池内，通过投加缓释消毒药片

图7-16 雨水收集池

对处理水进行消毒。

降水淋洗了大气污染物（主要为SS、COD、硫化物、氮氧化物等）、集水面积累的大气沉积物以及屋面材料产生的污染物，致使初期雨水污染程度较高，且呈酸性，因此最终处理后的雨水还须经过pH调节并在线监测。

至此，处理后的雨水已经达到回用要求（图7-17），经泵加压后，便可用于工业补充水、消防用水、绿化等。

2. 处理流程和单元

雨水→格栅→雨水调节池→提升泵→雨水蓄水池→一体式雨水处理单元→清水池→回用。以下是处理单元分述。

（1）格栅

碳钢防腐，置于调节池进口处。主要作用是拦截雨水中夹带的粗大漂浮物，如树叶，避免其对后续机泵的影响。

（2）雨水调节池

钢筋混凝土结构，地埋式。主要作用有二：一是储存雨水，进行流量调整；二是进行固液分离，去除雨水中的泥沙等无机颗粒，对雨水进行预处理。

图7-17　雨水收集回用系统

（3）提升泵

选用卧式离心泵三台，两用一备，备用泵为柴油泵，主要作用是定量地将储存池内的雨水提升至后续处理装置。其在设定的参数下运行，保证其除污效能的充分发挥。

（4）雨水蓄水池

雨水蓄水池的作用主要是收集存储雨水，为下道工序提供水源。

（5）一体式雨水处理单元

采用重力式无阀过滤器为基础的一体式雨水处理单元，包含絮凝、沉淀、过滤工艺。

（6）管道混合器

选用*DN*50型静态管道混合器一台，安装于提升泵出水管道上，主要作用是使投入雨水中的混凝剂与雨水快速混匀，保证其除污效能的有效发挥。

（7）混凝剂投加系统

由配药箱和定量投加装置组成，主要作用是将混凝剂配置成一定浓度的溶液并定量地投加到雨水中，通过絮凝作用富集水中的有机物和细小颗粒物质，以利在后续工序中去除。

（8）pH调节单元

由配药箱和定量投加装置组成，主要作用是将pH调节剂配置成一定浓度的溶液并定量地投加到处理后的雨水中。包含一套在线监测系统。

（9）清水池

钢筋混凝土结构，地面式。主要作用有二：一是为消毒提供接触场所；二是暂存处理后的成品水，并为回用泵提供取水处。

（10）消毒系统

采取定期投加消毒药片的方式消毒。为切实保证回用水质量，本方案配置水箱自洁消毒器两套，安装于清水池内。

（11）供水系统

由回用水泵和控制器等组成，置于设备间内。主要作用是随时提供可满足回用要求的回用水。

（12）电控系统

主要由电控箱、液位开关、电线及电缆等组成。主要作用是控制各用电设备的启停。系统采用全自动运行，无须专人看护，维护方便。

（三）RDF 垃圾处理工艺

1. 工艺流程

两种RDF通过卡车运输卸料并分别存储，应用全自动无人控制抓斗喂入WALTER计量设备，经过REDLER鹅颈拉链机、配置冷风的回转喂料器及两个气动闸板阀喂入分解炉。整个储运过程配置除尘设备及ZIKE垃圾除臭设备（图7–18）。

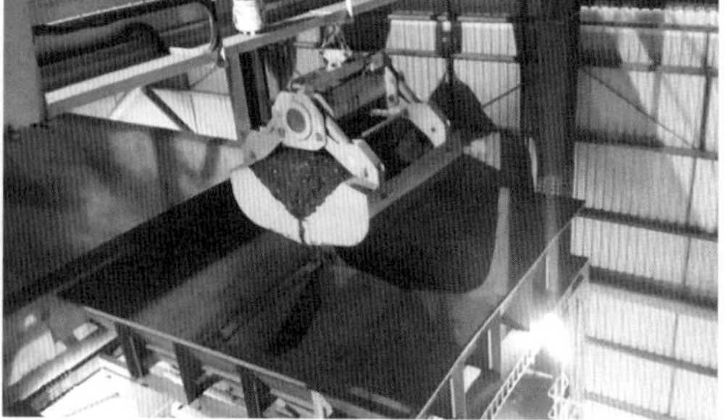

图7–18　RDF系统

2. 关键技术

RDF储运过程会产生粉尘，散发有害气体。应用WALTER全自动无人控制抓斗喂料，避免粉尘及有害气体损害操作人员的健康。

RDF热值及燃烧产物波动较大。经多批取样分别做燃烧测试，选取试验特征值，经过严格的系统热平衡及风平衡计算，最终制定出详细的燃料配比方案。

RDF容重小，水分大，形状不规则，计量喂料难度大。经多方比较与试验，最终选用WALTER计量设备，有效地解决了RDF计量时的堵料与计量精确性差的问题。同时，因输送高差大，经多方比较与试验，最终选用REDLER鹅颈拉链机，有效地解决了输送设备堵料、料流不稳定、密封性差、场地狭小等一系列问题。分解炉的温度接近1000℃，内部负压接近-2000Pa，为保证将RDF均匀地喂入分解炉，选用了配置冷却风的回转喂料器。

根据分解炉系统各个测点的实时生产数据，通过自动化控制系统实时控制RDF的喂料量，确保水泥生产全系统热工制度稳定均衡。在分解炉的喂料口上游设置两个耐高温的气动闸板阀交替开关，有效地避免了分解炉喂料过程中的漏风问题。

RDF卸车及输送喂料过程中会产生大量的粉尘，一部分有害气体容易扩散。卸车位设计成可实时开启的密封门，同时车间整体进行高密封设计，有效地避免了粉尘及有害气体的扩散。车间外部配置除尘设备及ZIKE垃圾除臭设备，有效地消除了粉尘与有害气体的污染。

第三篇

项目成果及经验总结

保加利亚代夫尼亚4000t/d水泥熟料生产线的实施过程中存在诸多的困难和挑战，中材建设发挥国际项目管理的优势和特长，以质量管理求发展、向安全管理要保障、向成本管理要效益、凭施工管理出特色。经过各方共同努力，该项目技术经济指标均达到或超过了设定的设计目标值，系统平均生产能力稳定在4200t/d以上，真正实现了低阻耗、高效率的现代化工厂施工。

本篇主要从项目成果及分包管理、合同管理、市场环境分析等方面进行经验分享和交流，分两个章节进行详细的阐述。

There were many difficulties and challenges during the implementation of the 4000t/d cement clinker production line in Bulgaria, but Sinoma Construction brought into play its advantages and specialties in international project management, seeking development by quality management, seeking security from safety management, seeking benefits from cost management and distinguishing itself by construction management. Through the joint efforts of all parties, the technical and economic indicators of the project have all met or exceeded the set design target values, and the average production capacity of the system has been stabilized above 4200t/d, truly realizing the modern plant construction with low resistance and high efficiency.

This article focuses on sharing and exchanging experiences in terms of project results/subcontract management, contract management and market environment analysis. It is divided into two chapters for detailed elaboration.

Part III

The Project's Achievements and Experience Summary

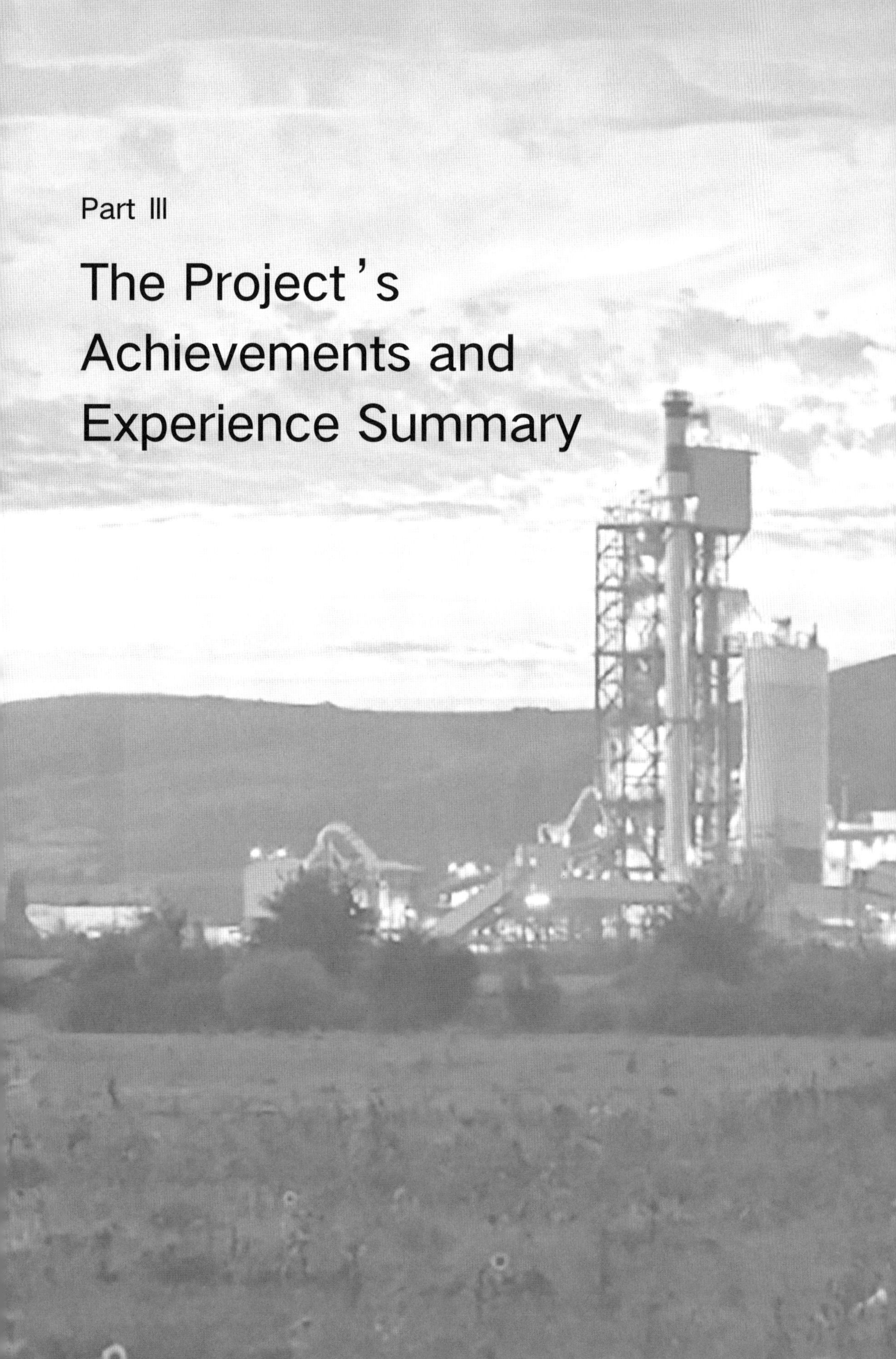

第八章　项目成果总结

Chapter 8　Project's Achievements

第一节　项目管理

保加利亚代夫尼亚4000t/d水泥熟料生产线采用中国标准和规范设计，兼顾客户的技术要求，通过最先进的施工工法，解决了现场施工场地狭小紧凑难题，又合理规避了客户资金紧张造成的影响，提高产值的同时降低安全的风险。通过科学部署、精细化管理，超客户预期完成提前点火并一次性投料产出合格熟料，顺利通过了客户聘请的国外监理公司和中材建设聘请的专业工程师团队的联合审核验收，体现了项目安全、质量控制、工期和成本管理水平。

1. 质量管理

在施工方案确定上，中材建设进行了认真细致的方案比较，优化设计方案，并借鉴以往多条新型干法水泥生产线的宝贵经验，最大限度地发现并消除生产环节中的“瓶颈”，使系统的潜力得以充分发挥，保障设计源头质量。

项目供货及施工过程中，设计、供货及施工质量符合合同规定及客户要求，实现了客户质量零投诉的良好成绩。项目整体质量在试生产期间得到充分检验，实现了72h由点火至整个生产线达到额定产量的巨大突破，获得客户的高度评价。

2. 安全管理

截至项目临时验收完成，项目实现了“零死亡、零重伤、零重大设备安全事故”的项目安全管理核心目标和“零损失工时安全事故”的项目安全管理最高目标。职业健康及环境管理得到客户及当地政府的肯定，未收到当地政府的任何处罚及周边社区的投诉。

3. 成本管理

项目在全面提升人员、安全、质量等系列管理水平的前提下，在欧元对人民币大幅贬值及保加利亚列弗汇率频繁变动的复杂情况下，通过精细管理挖内潜、创新优化创增值、风险防范逼损失、开源节流提毛利，最终实现项目成本合理可控，取得了良好的经济效益。

在设备选型上，中材建设充分发挥全球集采平台、订单式采购的管理优势，通过层层筛选，最终选用了信誉良好、产品质量优、价格合理、有良好业绩、服务好的厂家设备。

物流服务上，中材建设为客户提供“门到门”的全程式物流服务，确保设备海运、陆运的安全性，简化了货物物流工作的交接手续，提升了工作效率，很大程度上降低了货损成本和时间成本。

在试生产和调试过程中，我方管理团队与客户方生产团队、主机设备厂家调试人员精诚合作、紧密配合，整个试生产、调试过程均十分顺利，调试后3天烧成系统即达到设计生产能力，且稳定可靠。

4. 施工管理

根据建设场地实际情况，合理布置全厂物料进出的运输，使各功能区分明确。主厂区布置紧凑、占地少、工艺顺畅、转运环节少，厂区景观简洁、流畅。不同建筑物优化采用的技术与结构形式使得用料省、造价低、造型美观，如窑尾塔架立柱采用型钢结构，石灰石预均化堆棚采用球节点网架结构等形式。

主要工艺过程采用先进的DCS集散控制系统，可实现生产数据的采集、监视、控制、处理、报表统计及工艺操作的优化等，减少了生产人员数量，对整条生产线的全面与优化自动控制和高效稳定运行起到了重要作用。

第二节　主要技术指标和环保效果

（一）主要技术指标

本项目实现了预期的设计目标。从实际生产的结果看，主要技术经济指标均达到或超过了设定的设计指标（表8-1）：烧成系统真正做到了低阻耗、高效率，系统平均生产能力长期稳定在4200t/d以上，各项指标均达到了同规模的先进水平。

系统运行稳定、可靠，达标达产快，年运转率在95%以上。

主要技术指标　　表8-1

序号	设备名称	规格型号	设计能力	目前能力	最大能力	达设计能力时间
1	生料磨	LM48.4	320t/h	340t/h	350t/h	72h
2	回转窑	4.6m×68m	4000t/d	4200t/d	4400t/d	72h
3	冷却机	A0508	4000t/d	4200t/d	4400t/d	72h

（二）环境和安全效果

生产线环保设施运行良好，各项污染物排放指标均达到了设计要求。

窑头袋收尘排放浓度：0.7mg/Nm^3（设计标准为≤10mg/Nm^3）。

窑尾袋收尘排放浓度：0.8mg/Nm^3（设计标准为≤10mg/Nm^3）。

熟料烧成平均热耗低于736 kJ/kg.Cl。

主体结构安全可靠，沉降已稳定，无渗、漏、裂现象；设备安装规范，运行平稳，运营效果良好。

第三节　社会效益

该工程最终实现圆满履约，项目施工进度、工程质量、环保安全以及合作态度等方面均得到各参与方和当地政府的充分肯定。

（一）提前达产促发展

项目启动于2012年4月2日，合同工期为26个月达到生产条件，即约定为2014年6月2日。前篇已介绍过该项目在实施过程中存在诸多的困难和挑战，但经过中材建设管理团队统筹谋划，项目管理团队科学部署、精细化管理、内外部协同配合，最终较约定的竣工时间提前了20天，于2014年5月14日一次性点火投料成功，并顺利达标达产，客户提前实现经济效益。昔日老旧的工厂，如今焕发了生机，花园式的景观成为当地的标志性建筑；投产后的生产线产品质量达标，市场销售火旺，促进了当地经济的增长。

（二）节能环保促持续发展

在项目的设计和施工中，中材建设高度重视并处处秉承“用户至上”的原则，强化节能、节材设计，为客户实现最大经济效益提供保障。同时，在工艺先进、布置合理的前提下尽可能地降低工程成本、减少投资，实现经济效益最大化。

2015年2月4日，保加利亚时任总统罗森・普列夫亲自为代夫尼亚项目颁发“2014年最佳投资奖”，并指出代夫尼亚项目拥有全套技术含量极高的设备，不仅提高能源的使用效率、优化资源管理，也有利于环境的保护。

（三）拉动就业促和谐发展

本项目在施工期间除了与来自意大利、保加利亚的客户团队合作外，还有来自意大利、德国、法国、西班牙、匈牙利、罗马尼亚、瑞士、保加利亚和中国在内的121家分包公司，施工及质保期间解决了当地4500多个就业岗位。能在工厂上班成为代夫尼亚这个滨海小镇一众适龄劳动力的期盼。

2015年5月29日，保加利亚时任总理博伊科·鲍里索夫在代夫尼亚项目竣工典礼上（图8-1）为项目正式运营剪彩，并对中材建设在项目建设过程中带动当地就业、促进当地经济发展表示肯定和感谢。投资方也多次在公开场合表示“中材建设不但在建筑质量方面让投资方非常满意，而且在管理和沟通方面做得也很出色。”

图8-1　保加利亚时任总理博伊科·鲍里索夫出席代夫尼亚项目竣工典礼

第九章　经验总结

Chapter 9　Experiences

第一节　分包管理及风险防范

（一）谨慎选择分包商

除了商务报价以外，分包商的选择还要考虑该分包商是否有类似工程业绩、财务状况是否良好、资源（包括施工周转材料、施工机具、人员）配置是否满足招标工程、是否有在建项目等因素。具体包括：

1. 重视业绩经验

有类似工程业绩的分包商，能够较准确合理地做出报价，并且在工程实施阶段更有可能得心应手。保加利亚当地工业项目很少，水泥厂建设项目是50年内首个，所以很难找到类似工程经验的分包商。如该项目负责窑头主体工程的分包公司，进度缓慢、滞后分包合同工期，其中一个原因就是该公司没有承建过类似复杂的工业建筑。另外一家公司严重低估生料库锥体的施工难度，现场实施过程中发现单价低，难度大，其积极性严重受挫，无法按照分包合同工期完成施工任务。

2. 关注财务状况

财务状况良好、资金雄厚的分包商，对总承包商工程款支付的依赖性相对较小，可确保工程连续开展。保加利亚整体经济不景气，公司现金流普遍较为困难，公司和公司之间资信较差，付款条件较苛刻（付款周期短，预付款比例高）。因此，现金流困难的分包商，由于无法自行垫资，施工材料的采购和设备租赁行为，需要等到总承包商的预付款支付以后才会开展，这样对工程的连续性必然产生不良影响。该项目中某分包公司在窑中和窑头的主体工程施工过程中，由于无法支付钢筋制作费、脚手架租赁费用等，出现窝工的情况。

3. 考察可支配资源能力

分包商资源配置情况，包括施工周转材料、施工机具和人员，是影响工程进度的首要因素。因此，在分包合同签订前，首先需要重点考察资源配置情况，注意一定是可利用资源。有些分包商虽然资源配置丰富，但由于有多个在建项目，可利用资源却很少。其次要调查清楚资源的属性问题，是“自有”还是“租赁”，是直接雇佣的员工还是使用其他公司的人员。如果是“自有”或者“正式雇佣”属性，分包商抗压能力会相对较大，对窝工的敏感度会低一些，也更容易服从总承包商的工作安排。举例来说，Komfort公司所有的施工周转材料均是“自有”，现场人员几乎都是长期正式员工，“人、材、机”配置非常优越，现场一开工，主要材料、设备均立刻到现场，短短一周时间内，现场施工人员达到45人之多，履约能力明显强过其他分包商。另一家公司，模板和脚手架几乎全部是租赁，由于前面提到的资金问题，很少能够保证模板和脚手架及时到现场，窑中和窑头出现施工不连续的状况。

（二）分包商管理

1. 审慎考察核心管理人员资质

分包商核心管理人员（包括项目经理、现场经理、技术负责人以及安全经理）任命前，必须要求分包商提供相关人员的履历，而且需要通过总承包商安排的面试以后，方能正式任命。虽然分包合同授予总承包商管理、任命分包商任何管理人员的权利，但实际上这不是良策。因为追究现有管理人员的责任，通常是在分包工程进行较长一段时间后，短期内必然对分包工程进度不利。

2. 加强对分包商分包行为的管理和控制

对于总承包商来说，最头疼的事情之一就是分包商主体工程直接转包给“二级分包商”，遇到素质和能力低下的“二级分包商”，现场失控，给总承包带来很大的管理压力。该项目有两家分包商采用了二次分包。其中一家由于对其“二级分包商”掌控太弱，现场管理基本依赖于其“二级分包商”，导致其窑尾塔架、窑尾大布袋等关键子项的实际工期超出分包合同绝对工期。因此，管理和控制分包商的二次分包行为，在加强执行力、质量控制方面相当关键。

管理和控制分包商的二次分包行为，从分包合同谈判就应该开始。首先，分包合同必须规定，分包商使用二次分包商必须事先征得总承包商的同意，否则构成违约；其次，分包商必须在分包合同谈判阶段就拟采用的二次分包商向总承包商提名，总承包商确认以后方可使用；最后，分包商与二次分包商的责任划分必须明确，分包合同签订之前，总承包商有权利审核分包合同草案，确保在技术要求、质量标准和安全规定上与分包合同达成“背靠背”一致原则，减少在执行过程中的扯皮。

3. 建立“人、材、机”追踪机制

只有“人、材、机”一一落实到位，现场才能保证连续施工，进度才有保证。然而，现场有些分包商却经常由于缺材料、少机具以及少作业人员等原因，导致施工暂停。这些问题集中在那些施工组织管理能力差，以及上文提到的“资源配置”不良的分

包商。因此，总承包商现场管理的重点之一，就是不断跟踪和落实施工材料和资源情况，要求分包商提交材料和机具到现场的每周计划，并按此计划跟踪、督促和提醒分包商，有问题早发现。

（三）协助和引导分包商完成任务

管理分包商的终极目的是要求分包商能够按照分包合同的规定完成分包工程。实践证明，非人性化的硬性管理并不合适。举例来说，如果分包商工期延误或者出现质量问题，总承包商当然可以利用合同条款作为武器，进行延误损害赔偿或者扣押质保金，但这不是双赢的局面。相反，对于当地的分包商，更多地应该从协助和引导的角度，帮助其更好地完成任务。上文已经提到，当地分包商对水泥厂建设项目没有任何经验，又是在一个“国际化”的项目环境中履行分包合同，无论从技术上还是管理上，都需要总承包商的帮助和支持。

最典型的例子，就是生料库的滑模施工。负责该施工组织的分包公司没有任何滑模施工经验，而且滑模平台来自一家奥地利公司（之前与该分包公司无合作先例），施工质量和安全风险之大可想而知。为了把风险降低到最低，项目部在分包公司与奥地利滑模平台公司合同谈判阶段就介入，在技术上进行把关，确保满足客户的工程技术和安全要求，协助其与奥地利滑模平台公司达成协议。其后，项目部又帮助这家公司完成施工组织计划和方案的编制，最快获得客户审批。在滑模开始前，双方一起完成混凝土初凝时间与温度和添加剂含量的关系曲线。在滑模过程中，帮助解决各类质量问题。在共同的努力之下，生料库滑模施工顺利完成，未出现任何质量和安全事故。

第二节　合同分析及风险防范

（一）EPC项目特点分析

代夫尼亚项目采用EPC交钥匙总承包方式，中材建设作为EPC总承包商，负责设计、设备采购、制造、运输、土建、安装、调试、测试、培训和性能担保，直至竣工移交。工程范围从工厂现有的原料联合储库到现有的熟料库。

EPC总承包商对工程的质量、安全、工期、造价全面负责，在最终达到并满足客户要求后，工程整体移交客户进行商业运行。该项目具有投资金额大、专业技术复杂、管理难度大、合同总价和建设工期固定的特点，对于EPC总承包商的综合能力具有极高的要求。总承包商除需要具备技术整合能力、管理整合能力、市场资源整合能力之外，还需具备极强的风险承受能力。

但是该模式有利于总承包商统筹规划，有效解决设计、采购和施工之间的衔接问题和中间环节，减少了非EPC模式下多个承包商之间互相扯皮推诿的情况。

（二）EPC合同风险分析

EPC总承包项目具备合同价格高、项目规模大、周期长的特点，在合同执行和项目管理过程中存在着许多不确定的因素，除了需要考虑政治、经济、市场、客户和自然条件等外部风险之外，合同条款风险和合同管理风险也是需要重点关注的问题。

目前国际工程总承包市场属于买方市场，竞争激烈，客户居于有利的地位，因此，强势的客户会提出较苛刻的合同条件，导致承包商承担更大的损失。承包商在合同签署之前，需要密切关注合同文件的完整性和准确性，对于合同文件中存在的错误、疏漏、矛盾等问题，要及时提出并予以澄清。

承包商进入到一个新的国度从事工程建设，在工程开始实施之前，需要认真研究项目所在国法律法规，并聘请专业团队提供指导意见，以规避认知盲区带来的风险。前期主要工作包括但不限于：注册当地分支机构，办理承包商一级施工资质，聘请会计师事务所进行法律咨询、税务筹划、税务审计等相关事宜。

EPC总承包商项目工期往往较长，在执行过程中，随着国际货币市场的不断变化，汇率和利率持续发生变化，也需持续关注财务风险。保加利亚代夫尼亚项目合同签约时的基准汇率为：1欧元=8.3人民币，随着项目的执行，项目后期汇率变为1欧元=7.5人民币，欧元贬值对项目汇率损益产生了极为重大的影响。

保加利亚作为欧盟成员国，对于劳工进入有严格的要求。代夫尼亚项目受劳工配额的影响，土建施工采用全部本土化操作，安装施工采用本土化操作和国内分包同时推进的模式；同时项目位于欧盟，安全标准非常严格，这些因素都增加了现场费用的支出。目前很多国家基于对本国劳动力市场的保护，限制或者禁止外国劳工进入，投标成本核算及工期需统筹考虑。

项目执行中，还需密切关注设计标准不同、客户额外要求等原因造成的工程量超标，进而导致现场施工成本增加的风险。

（三）风险防范措施

1. 针对合同管理风险

在合同谈判期间、合同签署之前，总承包商要充分做好市场调研，进行实地考察，认真研究当地法律法规，并充分研究和理解投标文件，对于不合理不合规的地方及时提出建议，力争在合同谈判过程中进行改善。对于不能修改的条款，提前做好风险分析，在报价中准备充分的不可预见费用或者风险准备金。在项目执行初期，需要充分考虑到设计、采购和施工之间的关联和矛盾，尽可能减少由于设计失误、错误造成的变更和返工，从而达到降低项目成本、缩短工期的目的。

2. 针对合同条款风险

总承包商需要仔细研究合同条款，加强合同条款的审核、研读和分析，避免定义和描述得含混不清、意义表达不明。充分利用合同条款保护自己的正当权益，特别注意工程范围、合同价格、付款条款、保函条款以及违约责任等条款。

由于项目实施人员与合同谈判人员通常不是一批人，这就要求总承包商加强内部的沟通交流，进行细致的合同交底。项目实施人员根据各自的专业，要在交底的基础上强化细化对合同条款的理解、对客户需求的解读，以避免理解不到位、不全面带来的责任和风险。

3. 针对汇率风险

总承包商要密切关注国际货币走势，尽可能地选择合理的结算货币，收汇时尽量选择欧元等硬货币。要有充分的风险预判意识，对汇率走向进行基本的预判，并根据走势预判，及时采取相应的措施。

4. 针对客户付款延期风险

客户在合同中最大的责任就是按时按量地付款。对于因客户、银行等原因导致的供货款、进度款、里程碑款延迟支付，应在合同中明确相应的延迟付款利息、延迟付款相对应的工期索赔和费用索赔计算方法等。

5. 针对保函延期风险

针对工程延期可能会造成保函延期的风险，首先要区分造成延期的责任和责任方。对于因承包商原因导致的工期延期，从而要求履约保函不断延期的情况，应明确客户和承包商各自的责任和义务。

6. 针对客户审批周期过长风险

EPC总承包项目，客户通常会审查承包商的文件和图纸等是否满足合同要求。但是，在实际执行过程中，经常出现因为客户的审核不细致等原因，一张图纸客户反复提出意见，大幅超出合同规定的审批周期，造成设计进度延误，进而导致整个项目进度延误的问题。要加强与客户图纸审核工程师的沟通，随时关注审核细节，并做好评审记录，以作为工期谈判时的有力证据。

7. 针对法律、税务等风险

承包商应与当地政府机构、税务、海关、劳工等部门建立良好的工作关系，并聘请熟悉当地法律法规的会计师和律师等专业人员或机构，在项目执行过程中进行指导、审核，以确保项目执行过程中各项工作遵守项目所在国的法律法规。

第三节　市场环境分析及风险防范

（一）保加利亚市场环境分析

保加利亚地处巴尔干半岛，是连接欧亚的桥梁，同时隶属欧盟成员国，背靠欧盟大市场，也是进入欧洲市场的门户。除了拥有得天独厚的地理优势之外，保加利亚政治经济环境稳定，运营成本较低，享有欧盟成员国等有利条件，诸多因素加持使保加利亚受到国际投资者的青睐，其主要贸易伙伴有土耳其、俄罗斯、中国和塞尔维亚。

自21世纪以来，保加利亚经济整体呈较快增长态势，金融汇率稳定，土地使用和劳动力成本低，税收优惠，在中东欧地区以稳健的宏观经济政策而闻名。

保加利亚人口素质较高，80%的就业人口拥有中学或大学学历。具有丰富的IT技术人才以及强烈吸引中资企业投资合作的意愿。目前，越来越多的基础建设、IT和新能源领域中资企业关注和进入保加利亚市场，开展投资合作。

在保加利亚开展投资、经营的主要中资企业有20余家，涉及领域包括农业、能源、汽车、通信、金融等。主要投资行业涉及汽车、农业合作、通信、可再生能源项目这四个领域。

保加利亚实行10%的企业所得税和单一的个人所得税（10%），在欧盟国家中最低。

保加利亚劳动成本相对较低，2019年保加利亚平均月工资水平为1264列弗（651欧元），在中东欧国家中相对较低。且物价较低，仅为欧盟平均水平的50%，工业用电和天然气成本均低于欧盟平均水平。工业用地租金在欧盟也属最低水平。

保加利亚的重点（特色）产业主要包括化学工业、玫瑰精油业、葡萄酒酿造业、IT业、乳制品加工产业、旅游业、房地产业。其中化学工业为保加利亚传统优势行业，在国民经济中占有重要地位。酿酒业是保加利亚重要的传统产业。保加利亚IT行业是最具投资吸引力和创新能力的领域。旅游业是保加利亚经济的支柱产业。

目前保加利亚政府拟大力发展能源项目，除计划新建大型火电站外，还在推进贝列内核电项目和科兹洛杜伊新增7号核电机组项目。且太阳能、风能等清洁能源发展迅速。

保加利亚当地工程建设市场激烈竞争，基础设施项目面向国际公开招标，对外资企业参与保加利亚境内项目并无明确限制。欧盟基金是保加利亚基础设施项目的主要资金来源，对于欧盟资金不支持的项目，保加利亚政府也欢迎外国资金。

部分欧盟基金资质的项目，虽然不限制非欧盟企业参与，但在评标等实际运作过程中可能更倾向于选择欧盟企业，即使中资企业中标也可能面临后续竞争对手的干扰。

保加利亚政府严格限制外籍劳工雇员的比例不超过10%，持短期或商务旅游签证的员工不能在企业办公场所工作，否则将面临罚款。

（二）工作许可审批与注意事项

根据保加利亚法律要求，在保加利亚企业（包括外国人在保加利亚的企业）中，外国雇员和本国雇员的比例不能超过10%。外国人赴保加利亚工作需持有工作签证，而取得工作签证的前提是获得保加利亚劳动与社会政策部下属的就业署（简称“就业署”）签发的工作许可。工作许可、工作签证、居住证是在保加利亚合法工作和居留的前提。具体审批程序和注意事项介绍如下：

1. 工作许可

雇主（可通过代理）向保加利亚就业署提交申请信和相关资料，申请办理工作许可。劳动许可需对工作时间、工作内容和雇主等相关信息进行描述，工作许可的有效期与劳工合同的期限一致，但通常签发的工作许可期限不会超过1年，可进行多次延期（过期前1个月申请延期），但总计不能超过3年。如果需要在保加利亚工作3年以上，则需在3年期限结束后重新申请工作许可。办理工作许可所需的资料包括：文凭/专业证书（认证）；申请表；原因陈述（保加利亚语和英语）；劳动合同（签署保加利亚语和英语版）；职位描述（保加利亚语和英语，雇主签字）；当地员工和外国员工清单；分支机构的良好信誉证书；每个工作许可证收费600列弗。

2. 工作签证

获得保加利亚就业署签发的工作许可后，将工作许可以及申请工作签证所需资料提交保加利亚驻华使馆，申请工作签证。工作签证签发通常需要45天，签证为半年有效期，可多次往返。工作签证颁发下来后，持工作签证入境保加利亚，可以工作。工作签证申请所需资料：护照首页复印件；最近的保加利亚和申根签证或英国和美国签证的复印件（如果有）；一张3.5cm × 4.5cm的浅色背景全彩照片；医疗保险，涵盖签证上注明的逗留期间的所有遣返费用以及紧急医疗护理和紧急住院治疗的费用，保险金额不能低于3万欧元；机票（原件和复印件）或机票预订单。

3. 居住证

外国人持工作签证入境后，需要及时申请居住证。居住证要在工作签证失效前一个月申请下来，原则上，一旦持工作签证抵达保加利亚之后，须立即组织递交居住证申请。申请居住证时，需要向移民局支付申请费11列弗/人，并出具每个人的银行存款证明，至少3720列弗。居住证获准颁发后，需向移民局缴纳500列弗/人。同时，每个人要亲自去移民局拍照，取指纹，并汇款45列弗，作为居住证（ID卡）的工本费。居住证颁发下来后，需要本人持护照去移民局领取。注意：居住证要在工作许可更新后及时更新。

居住证申请所需资料和步骤：第一步，提交申请表、工作许可证（原件和公证副本）、医疗保险、租赁合同、银行证明、无犯罪记录证明（原件）、护照首页和D类签证复印件、申请费收据（每人11列弗）；第二步，获得连续居住证一年，支付500列弗/人，提交保加利亚身份证申请（需拍摄照片和提取指纹）；第三步，获得保加利亚身份证。至此可获得在保加利亚工作和居留的有效合法证件。

第四篇

合作共赢与展望

保加利亚是巴尔干半岛上的重要国家，又是欧盟成员国，在国际社会和多双边舞台上，与我国具有较为广泛的共同利益，有条件成为“一带一路”建设的参与者和推动者。中保关系的健康发展不仅可推动中国—中东欧国家合作，也有利于促进中国与欧盟关系的发展。中材建设承建的保加利亚代夫尼亚水泥厂项目是中保合作的重要项目之一，承载着中国国企在欧盟国家基建领域突起的重担和责任。该项目最终荣获国内外多项大奖，成为“一带一路”建设中的标杆项目。

Bulgaria is an important country in the Balkans and a member of the European Union. The healthy development of China-Bulgaria relations will not only promote China-Central and Eastern European cooperation, but also contribute to the development of China-EU relations. The cement plant project constructed by CBMI in Bulgaria is one of the most important projects in China-Bulgaria cooperation, carrying the burden and responsibility of Chinese state-owned enterprises in the infrastructure sector of EU countries. The project finally won many domestic and international awards, and has been a benchmark project in the construction of the Belt and Road.

174-182

Part IV

WIN-WIN Cooperation and Outlook

第十章　工程影响和所获荣誉
Chapter 10　Project's Influence, Honor and Award

第一节　弘扬丝路精神

（一）绘就丝路历程

中材建设有限公司作为中国第一批“走出去”的企业，承建项目的地域遍及亚洲、欧洲、非洲和拉丁美洲，在国家“一带一路”倡议的引领下，绘就了宏伟的丝路画卷。保加利亚代夫尼亚水泥厂4000t/d水泥熟料生产线EPC总承包项目，是“一带一路”建设中的典范工程，谱写了中国与保加利亚互利共赢的新篇章，是中国承包公司在欧盟建筑市场上书写下的伟大中国故事。

（二）践行丝路理念

保加利亚代夫尼亚项目投标之时，中材建设以高质量的标书在众多实力强劲的国际竞标者中脱颖而出，展示了“中国实力”。在总包合同执行过程中，中材建设用“中国设计”“中国设备”“中国管理”，再次唱响了“中国之声”。此项目的成功，让更多的欧洲人认识到今日中国之“国之大者”的气势，让中国传承和“丝路之花”在保加利亚绽放，让“共商共建共享”的丝路理念在国际市场传扬。

保加利亚代夫尼亚项目中，输送设备、收尘设备国产化率达到100%，其他辅助设备国产化率为92%，设备成套综合国产化率为75%。近几年的回访数据显示，全厂设备运行稳定，实际生产能力甚至超过其设计能力，我们以实力打破了长久以来对国产工业产品的质疑，用“中国质量”赢得了尊重。

保加利亚代夫尼亚项目开创了在“一带一路”倡议下，中国人管理、本土化实施、多国参与的合作之路。项目建设过程中，保加利亚累计参与人数达4500多人次，包括意大利、德国、法国、西班牙、匈牙利、罗马尼亚、瑞士、保加利亚和中国在内的121个公司参与，真正实现了“各国经济大融合、发展大联动、成果大共享”的目标。该项目的成功实施不仅在保加利亚当地产生了巨大的社会影响力，极大促进了保加利亚的经济建设和民生发展，同时也在欧盟范围内展现了“一带一路”精神。

保加利亚代夫尼亚项目在实施过程中，公司中方管理团队始终牢记“一带一路”倡议的使命和初心，深深地将“本土化施工管理”融入当地文化，时刻牢记国企名片、联合国契约组织成员身份，通过赞助当地传统的赛马节、捐助当地小学、资助残疾人协会等方式，用实际行动践行“国之大企”的社会责任，与当地政府和居民建立良好的合作关系，打通了一条民心相通、交流合作的共赢之路。

（三）书写中国奇迹

保加利亚代夫尼亚项目部的年轻管理者们用饱满的青春热情积极地传播中国文化，通过各种方式在各大主流媒体和当地主要电视、电台上扩大宣传，让“中国声音”在丝路上传播，让“中国身影”在“玫瑰大地”上展现，让“中国奇迹”在欧盟之间传颂。项目的成功极大增强了中国企业的国际影响力，同时也推动了公司国际化进程。

保加利亚代夫尼亚项目采用世界领先的节能环保技术，践行了绿色建设的倡议。新厂建成后，每年节电1560万kWh，减少SO_3排放161t、NO_3排放1243t、粉尘排放177t。节能环保技术的采用不仅提高了能源的使用效率，也更有益于环境保护，为保加利亚国家可持续发展树立了典范，让“老态龙钟”的旧厂重新展现了活力与生机，让瓦尔纳这座古老的工业之城重燃希望之光。

保加利亚代夫尼亚项目采用了水泥建筑行业领先的生产工艺和技术，在新技术的助力下，工厂的生产效率得到了跨越式提升，新生产线的熟料日产量在设计能力基础上上浮10%，达到4400t，实现全年增产近130多万吨（大修和维护时间除外），在保障当地设施建设需求的同时，对周边国家的出口也带来了莫大的经济效益。

保加利亚代夫尼亚项目在各方面完全达标的情况下，提前合同约定15天实现点火投产，再次书写了“中国奇迹”。这份成绩的得来实属不易，不仅得益于总承包商、客户方、咨询方以及项目参与方的共同努力，更凝聚所有参与项目建设人员的智慧和心血。在项目整个建设期间，水泥厂总经理席密特与中材建设团队始终并肩奋战，极大推动了项目顺利、高质量实施。他见证了老厂换新颜的全过程，对中材建设先进的管理水平和技术能力表示由衷的欣赏，对中国员工的工作热情和积极态度给予高度赞扬，并对他们为项目建设所付出的艰辛努力表示感谢。

2015年5月29日，在千人参与的竣工仪式上，时任保加利亚政府总理博伊科·鲍里索夫亲自为新线运营剪彩，并高度赞扬了中材建设的履约能力和管理水平。该项目的建设成功解决了当地4000多个就业岗位，大大缓解了当地就业压力，为当地经济建设与发展做出卓越贡献。

第二节 承载“史级”荣誉

保加利亚代夫尼亚4000t/d水泥熟料生产线EPC总承包项目，是中材建设实施“走出去”战略后在欧盟国家承揽的第一个大型总包项目，也是中国公司在保加利亚承揽的单体最大的项目。该项目是中国水泥行业史上首个荣获海外“最高建筑奖”奖项的项目，同时荣获由中国建筑业协会颁发的“中国建设工程鲁班奖（境外工程）”，同一项目荣获国际、国内双项最高荣誉，在中国建筑行业中史无前例。

（一）荣获保加利亚年度最佳建筑奖

2014年12月10日，保加利亚第13届年度最佳建筑奖在其首都索非亚揭晓，并举行盛大颁奖仪式（图10-1），代夫尼亚项目荣获保加利亚“2014年工业技术革新和拓展类年度最佳建筑奖”。这一奖项是保加利亚建筑领域的最高奖项，原项目经理、现中材建设副总经理王彬，作为获奖项目代表、唯一的中国人上台领奖。

当保加利亚地区发展和公共工程部部长帕夫洛娃女士将镀金塑像奖杯和证书颁发给王彬时，全场掌声雷动。帕夫洛娃在致辞中说“获此大奖是极为难得的殊荣”。

颁奖仪式上，代夫尼亚水泥厂项目投资方总经理席密特在接受新华社记者采访时说，中材建设不但在建筑质量方面让投资方非常满意，而且在管理和沟通方面也很出色，感谢中材建设团队的努力和付出。

图10-1 保加利亚国家建筑大奖

图10-2　获奖得主合影

（二）荣获保加利亚年度最佳投资奖

2015年2月4日，保加利亚投资署在首都索非亚隆重举行第9届年度最佳投资项目颁奖活动，代夫尼亚项目荣获保加利亚“2014年度最佳投资奖”（图10-2）。保加利亚时任总统罗森·普列夫亲自为获奖项目颁奖。他指出，代夫尼亚项目拥有全套技术含量极高的设备，不仅提高能源使用效率，优化资源管理，更有利于环境保护。

保加利亚项目水泥厂总经理席密特高度评价了中材建设先进的管理水平和技术能力，并对保加利亚项目员工为项目建设所付出的巨大努力表示感谢。

（三）荣获中国建筑业协会“鲁班奖”

2017年11月6日，由中国建筑业协会主办的纪念鲁班奖（图10-3）创立30周年暨2016～2017年度创精品工程经验交流会在北京钓鱼台国宾馆隆重举行，中材建设保加利亚代夫尼亚水泥厂4000t/d熟料生产线EPC总承包项目荣获“中国建设工程鲁班奖（境外工程）”。

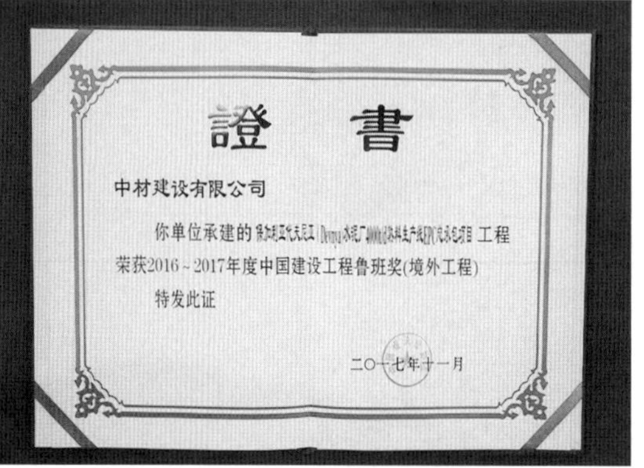

證　書

中材建设有限公司

你单位承建的 [illegible] 工程

荣获2016～2017年度中国建设工程鲁班奖(境外工程)

特发此证

二〇一七年十一月

图10-3　荣获“鲁班奖”

图10-4　项目案例入选首本《中央企业海外社会责任蓝皮书（2018）》

（四）入选《中央企业海外社会责任蓝皮书》

2018年12月27日，国务院国资委、中国社会科学院举办“共促开放合作，共享全球发展”首本《中央企业海外社会责任蓝皮书（2018）》（以下简称《蓝皮书》）发布会，集中展示中央企业海外社会责任工作成果，推动中央企业更加系统科学、持续高效履行海外社会责任。该《蓝皮书》精选了中央企业2018年海外履责的典型案例（图10-4），中材建设保加利亚代夫尼亚水泥厂项目因在海外履责的优异表现而入选。该项目的建设积极响应国家“一带一路”倡议，始终把坚持合作共赢、坚持属地经营、坚持绿色低碳的理念贯穿项目全过程，为当地经济振兴、缓解就业做出了积极贡献，得到了当地政府和民众的广泛支持和认可。

第十一章　中保未来展望
Chapter 11　China-Bulgaria Future Vision

第一节　重视合作机遇

“一带一路”建设正把中国与世界更紧密地联系在一起。2013年，中国政府正式提出“一带一路”倡议。与中国有着传统友好合作关系的保加利亚，在2015年11月与中国政府就共同推进“一带一路”建设签署谅解备忘录。自此，位于巴尔干半岛东南部，有着“上帝后花园”美誉的保加利亚成为中国与中东欧国家“17+1合作”机制的受益国，也是中国“一带一路”倡议的积极支持者与参与者。

保加利亚位于中东欧巴尔干半岛东南，是欧洲向东门户、欧亚贸易和能源走廊。“一带一路”倡议提出后，保加利亚多次派政府和企业代表团访问中国，表达与中国广泛开展合作的意愿。2017年4月11日，“一带一路”全国联合会在保加利亚首都索非亚成立，旨在进一步加强中保在“一带一路”建设中的全面合作，这也是欧洲第一个以推动“一带一路”倡议为目的的组织，其成员主要为保加利亚政治、商业和文化领域的杰出代表。正如时任保加利亚外交部亚太司司长奥尔贝佐夫所说的那样，保加利亚“一带一路”全国联合会将成为促进保中关系发展的一个长期平台，将在推动保加利亚政府部门和公众更全面地了解和参与“一带一路”建设方面发挥强有力的作用。

中材建设有限公司积极践行国家“一带一路”倡议，在参与“一带一路”建设方面积极发挥自有力量，着力扩大“丝路朋友圈”，成功签署保加利亚代夫尼亚水泥厂项目，将中保合作推向深入。在工程建设中，中材建设在注重市场效益的同时，积极履行企业社会责任，促进中保人文交流，使“一带一路”建设在保加利亚落地生根、深耕细作、持久发展，让“一带一路”建设中的全面合作为两国带来众多现实利益，惠及更多的普通民众。

（一）聚焦良好营商环境

从营商环境看，保加利亚有其优越的地理位置，是连接欧亚大陆的桥梁。作为进入欧洲大市场的门户，世贸组织和欧盟成员国之一，近几年保加利亚经济活力逐步增强，GDP增势明显，凭借其各种丰富的自然资源及相对低廉的价格，良好的营商环境和较为竞争力的投资成本，逐渐吸引了各国投资者的目光。

从营商成本来看，保加利亚税收、劳动力成本、物价水平均低于欧盟平均水平。根据欧盟统计局数据，保加利亚是欧盟成员国中物价最低的国家，物价仅为欧盟平均水平的50%，其工业用电价格是欧盟平均水平的71%，工业用地租金为欧盟最低。目前，实行10%的欧盟最低企业税和单一的个人所得税（10%），相比于其他欧盟国家的个人所得税而言，具备无可比拟的优势。

从金融和法律环境看，保加利亚的货币金融市场健康有序，外债率低，汇率和物价稳定，失业率和通胀率较低。作为欧盟成员国，保加利亚的法律法规与欧盟接轨，与其合作有利于中国企业适应欧盟政策、技术标准以及加强与欧盟市场的内在联系。

（二）拓宽双边合作领域

中保经贸关系稳步发展，双边贸易加速增长，投资热度不断升温，合作层面日趋多元。保加利亚的公路、铁路、机场等基础设施自20世纪60~80年代建造后尚未进行大规模的更新，落后的基础设施阻碍了其发展。我国在基础设施建设方面具有强劲竞争优势，在对保加利亚的基础设施建设参与方面，可以加强与政府、私有企业、民营企业的合作，采用管理模式输出的方式，借鉴之前成功项目的本土化管理经验，采用“交钥匙合同”等方式参与保加利亚的基础设施建设，在现有的合作成果基础上，进一步扩大市场，拓宽合作领域。

第二节　关注合作风险

中国与保加利亚有着悠久的传统友谊，随着“17+1合作”和“一带一路”倡议，中保之间的合作迈入新发展阶段，合作前景非常广阔，市场发展潜力无限。但机遇与风险并存，保加利亚营商环境存在的潜在风险主要有以下几点：

（1）短期内与俄罗斯关系存在一定的不确定性，影响市场环境。

（2）保加利亚国内民族问题比较敏感。

（3）与北马其顿共和国的关系不明确。

不过从项目建设期间与保加利亚合作的经验来看，目前政治社会稳定，经济发展平稳增速，投资环境日益改善，总体政治风险低。但从合规经营和风险防控的角度出发，我们还是要注意做好事前调查分析，评估相关风险，事中也要做好风险规避和管理，注意把握保加利亚的市场容量及政策的变化，切实保障自身利益。

图书在版编目（CIP）数据

水泥智造闪耀黑海之滨：保加利亚 Devnya 熟料生产线建设项目 = Smart Cement Construction Shining on the Coast of the Black Sea: Bulgaria Devnya Clinker Production Line Project / 张思才，王彬主编 . —北京：中国建筑工业出版社，2023.10

（“一带一路”上的中国建造丛书）

ISBN 978-7-112-29298-1

Ⅰ. ①水… Ⅱ. ①张… ②王… Ⅲ. ①水泥－自动生产线－对外承包－国际承包工程－工程设计－中国 Ⅳ. ① TQ172.6

中国国家版本馆CIP数据核字（2023）第208575号

丛书策划：咸大庆　高延伟　李　明　李　慧

责任编辑：葛又畅　李　慧

责任校对：芦欣甜

校对整理：张惠雯

“一带一路”上的中国建造丛书

China-built Projects along the Belt and Road

水泥智造闪耀黑海之滨——保加利亚Devnya熟料生产线建设项目

Smart Cement Construction Shining on the Coast of the Black Sea:

Bulgaria Devnya Clinker Production Line Project

张思才　王　彬　主编

*

中国建筑工业出版社出版、发行（北京海淀三里河路 9 号）

各地新华书店、建筑书店经销

北京海视强森文化传媒有限公司制版

临西县阅读时光印刷有限公司印刷

*

开本：787 毫米 × 1092 毫米　1/16　印张：11½　字数：224 千字

2023 年 11 月第一版　2023 年 11 月第一次印刷

定价：**75.00** 元

ISBN 978-7-112-29298-1

（41770）

电话：（010）58337283　QQ：2885381756

（地址：北京海淀三里河路 9 号中国建筑工业出版社 604 室　邮政编码 100037）